管理与创业实验丛书

江苏省实验教学与实践教育中心建设项目
江苏高校品牌专业建设工程资助项目（TAPP）

刘晓松 编著

数据库管理系统 Visual FoxPro 实训教程

★ ★ ★ ★ ★ ★ ★ ★ ★ ★ ★

VISUAL FOXPRO TRAINING COURSE

江苏大学出版社
JIANGSU UNIVERSITY PRESS
镇　江

图书在版编目(CIP)数据

数据库管理系统 Visual FoxPro 实训教程 / 刘晓松编著. — 镇江 ：江苏大学出版社，2017.9(2018.3 重印)
ISBN 978-7-5684-0527-0

Ⅰ. ①数… Ⅱ. ①刘… Ⅲ. ①关系数据库系统－程序设计－高等学校－教材 Ⅳ. ①TP311.138

中国版本图书馆 CIP 数据核字(2017)第 179510 号

数据库管理系统 Visual FoxPro 实训教程
Shujuku Guanli Xitong Visual FoxPro Shixun Jiaocheng

编　　著/刘晓松
责任编辑/王　晶　吴昌兴
出版发行/江苏大学出版社
地　　址/江苏省镇江市梦溪园巷 30 号(邮编：212003)
电　　话/0511-84446464(传真)
网　　址/http://press.ujs.edu.cn
排　　版/镇江华翔票证印务有限公司
印　　刷/虎彩印艺股份有限公司
开　　本/718 mm×1 000mm　1/16
印　　张/17.5
字　　数/286 千字
版　　次/2017 年 9 月第 1 版　2018 年 3 月第 2 次印刷
书　　号/ISBN 978-7-5684-0527-0
定　　价/45.00 元

序

近年来,社会对于高校大学生的实践能力要求越来越高,但是大学生群体所具备的实践能力普遍不能够满足社会和企业的需要,尤其是对于管理类大学生实践能力的培养与社会需要之间存在的脱节现象,严重影响了人才培养目标的实现。高校迫切需要把培养学生的实践创新能力作为教育改革的重点,特别是管理类专业,其实践性和应用性要求很高,传统的理论教学模式无法满足管理能力培养的需要,因此,就更应加强实践培养模式和课程体系的创新,不断推进实践教学内容和教学方法的发展,而实验教学则是提升大学生实践创新能力的重要途径。

我国正处于“大众创业,万众创新”时代,大学生是“大众创业、万众创新”的主力军。2015 年 5 月,国务院发布《关于深化高等学校创新创业教育改革的实施意见》,文中既强调深化高等学校创新创业教育改革是国家实施创新驱动发展战略、促进经济提质增效升级的迫切需要,是推进高等教育综合改革、促进高校毕业生更高质量创业就业的重要举措,又突出要求各高校加强专业实验室、虚拟仿真实验室、创业实验室和训练中心建设,完善国家、地方、高校三级创新创业实训教学体系,深入实施大学生创新创业训练计划,开展创新创业实践活动。

江苏大学管理与创业综合实验中心是江苏省省级实验教学与实践教育中心,2015 年被教育部评为“全国高校实践育人创新创业基地”,其教学团队已经构建起较为完整的管理与创业教学体系和先进的教学模式,其中“创业人生”“创业管理”先后被评为国家精品视频公开课和国家精品资源共享课,《“塔式”立体化中小企业创业人才培养模式研究与实践》获国家教学成果二等奖和江苏省教学成果特等奖。管理与创业教学团队在多年的教学实践过程中,深刻认识到创业实践训练是创业管理教育中特别重要的一环,但也是相对薄弱的环节,要想让每位学生直接参加现实的管理与创业实践活动,显然在时间、成本、实际操作上都难以承受,而通过实验教学,模拟从事创业活动全过程的真实环境,让学生以最短的时间、最低的成本,完成相关管理与创业实践活动,从而实现管理与创业教育从单纯的理论教学走向理论与实践相结合的实训，具有重要的意义。

教学团队通过深入分析实验、实践教学与信息技术的发展趋势，引入模拟、实践相结合的管理与创业综合实战的设计思路，用信息技术、网络技术、教学软件等构建起管理与创业综合训练的创新教学实验平台，从实验、实践教学内容层面、模式层面、管理层面、技术层面进行了一系列的探索与创新，从而实现了实践教学层次化、实验模式多样化、实训内容综合化、实践环境真实化、学习资源共享化、教学管理信息化，为学生提供更为真实的实验教学体验。

“管理与创业实验丛书”是对上述实验、实训教学原则、教学思想、教学方法、教学手段和教学经验的归纳和总结，在编写过程中，力求顺应我国促进实验、实践教学改革的要求，采用分层次综合实验教学体系，依据管理与创业实验教学“实验、实训、实践、实习、创新”循序渐进的原则，让学生遵循“观、做、感、改、创”5 个基本过程进行训练，巩固所学知识，提高实际动手能力，促进学生个性发展。努力构建以基础课程训练为主的基础课程实验层次，以专业课程训练为主的专业课程实验层次，以培养综合专业能力为主的综合设计实验层次，以培养自主创新、创业、研究能力，提升综合素质的综合实训、实习层次的实验课程教学体系。该丛书汇集了教学团队多年积累的大量的实验教学素材、案例、心得和体会，在综合考虑管理类各专业学科间所具有的相互融合趋势的基础上，为师生提供一个能够模拟企业经营管理各项职能、运作过程及互动关系，综合管理实验、创业实践，跨专业综合实训、实习的富有特色、较为完整的实验教学范本。

丛书的编写倾注了江苏大学管理与创业教学团队教师的大量心血，希望能为我国管理与创业实验教学资源添砖加瓦，为培养大学生的实验、实践能力提供借鉴和帮助。

管理与创业实验实践教育的改革远未完成，高水平的管理与创业实验实践教材还相对匮乏，需要更多有志于从事管理与创业教育的同仁共同努力，使之臻于完善，从而为培养更多具有创新、创业能力的管理人才作出应有的贡献。

2016 年 4 月于江苏大学

前　言

在信息时代,数据信息已经成为最重要的资源之一,管理好海量的数据和信息变得越来越重要。数据库管理系统是数据库系统的核心,是管理数据库的软件。有了数据库管理系统,用户就可以在抽象意义下处理数据,而不必顾及这些数据在计算机中的布局和物理位置。因此数据库管理系统相关程序设计语言也是高等院校管理和财经类学生必须掌握的基础知识。

Visual FoxPro 是一种关系型数据库管理系统,是高等院校教学的基础课程之一,在学习过程中具有知识点多而散、操作性要求高及应用实践性强等特点。要在有限的时间里熟练掌握这门程序设计语言,必须找出重要的知识点,并配合相应的习题和上机实验。为此,我们根据数据库管理系统(Visual FoxPro)课程的教学要求和计算机等级考试(Visual FoxPro 二级)要求,结合二十多年的教学实践经验,编写了这本《数据库管理系统 Visual FoxPro 实训教程》。

本书分为两个部分,第一部分为知识纲要和习题,对重要的知识点进行介绍,并给出相应的习题供学生课后练习,帮助学生消化吸收。习题部分还包括扩充思考题,便于学有余力的学生进一步自学。第二部分为上机实验部分,将一个完整的案例,分成十二个实验,循序渐进地完成一个小型信息系统的实现,实验内容步骤详细,可操作性强,便于指导学生上机操作。每一个实验除了步骤详细的实验内容之外,还有扩充思考操作题,只给出实验要求没有具体操作步骤,让学生根据已掌握的方法步骤举一反三,完成实验任务。

实验要求的软件环境为 Visual FoxPro 6.0 中文专业版。

本书由江苏大学刘晓松副教授主编,刘晓松、赵广凤、黎小兰、李雯、樊茗玥和徐红梅共同参与编写。本书的出版得到江苏大学管理学院信息管理与信息系统系全体老师的大力支持,在此一并表示衷心感谢!

由于编者水平有限,书中若有疏漏错误之处,恳请读者批评指正。

编　者

2017 年 6 月

目　录

实训基础篇

第 1 章　数据库系统理论基础 …………………………………………………… (003)
　1.1　知识纲要 ………………………………………………………………… (003)
　1.2　实训习题 ………………………………………………………………… (004)
第 2 章　Visual FoxPro 语言基础 ………………………………………………… (013)
　2.1　知识纲要 ………………………………………………………………… (013)
　2.2　实训习题 ………………………………………………………………… (015)
第 3 章　数据表及其操作 ……………………………………………………… (028)
　3.1　知识纲要 ………………………………………………………………… (028)
　3.2　实训习题 ………………………………………………………………… (030)
第 4 章　数据库设计与操作 …………………………………………………… (045)
　4.1　知识纲要 ………………………………………………………………… (045)
　4.2　实训习题 ………………………………………………………………… (046)
第 5 章　查询与视图设计 ……………………………………………………… (057)
　5.1　知识纲要 ………………………………………………………………… (057)
　5.2　实训习题 ………………………………………………………………… (059)
第 6 章　程序设计 ……………………………………………………………… (074)
　6.1　知识纲要 ………………………………………………………………… (074)
　6.2　实训习题 ………………………………………………………………… (077)
第 7 章　面向对象程序设计基础 ……………………………………………… (097)
　7.1　知识纲要 ………………………………………………………………… (097)
　7.2　实训习题 ………………………………………………………………… (098)

第 8 章　表单、控件和类设计 …… (104)
8.1　知识纲要 …… (104)
8.2　实训习题 …… (107)
第 9 章　报　表 …… (126)
9.1　知识纲要 …… (126)
9.2　实训习题 …… (126)
第 10 章　菜单设计 …… (131)
10.1　知识纲要 …… (131)
10.2　实训习题 …… (132)

实训实验篇

实验一　VFP 变量数组运算符操作练习 …… (139)
实验二　常用函数操作练习 …… (145)
实验三　表结构的创建、修改和记录的输入 …… (156)
实验四　表中记录的修改和项目管理器的操作 …… (164)
实验五　表的打开、关闭和定位，以及索引的建立 …… (171)
实验六　数据库及库表的基本操作 …… (176)
实验七　用查询设计器设计查询 …… (186)
实验八　SELECT - SQL 命令的使用 …… (199)
实验九　程序文件 …… (206)
实验十　表单设计（一） …… (218)
实验十一　表单设计（二） …… (233)
实验十二　菜单的设计 …… (247)

参考答案 …… (256)

参考文献 …… (270)

实训基础篇

第1章　数据库系统理论基础

1.1　知识纲要

1．数据库系统的概念

（1）了解信息和数据的相关知识，并掌握数据库的含义、特点和分类。

（2）了解数据库管理系统（DBMS）的含义、功能和组成，及其在数据库系统（DBS）体系结构中的作用。

2．数据库技术的发展及系统应用状况

（1）了解计算机数据处理的五个步骤。

（2）了解数据库技术的发展史及各个阶段（人工管理阶段、文件系统管理阶段和数据库系统管理阶段）的特点。

（3）了解数据库应用领域的现状及其发展。

（4）掌握数据库应用领域的专有名词及其英文缩写，如：计算机集成制造系统（CIMS）、计算机辅助软件工程（CASE）、数据挖掘（DM）和数据仓库（DW）等。

3．关系型数据模型

（1）了解基本数据模型的三个组成部分（数据结构、数据操作和数据完整性约束）及其内容，并掌握基本数据模型的分类（层次模型、网状模型和关系模型）及其特点。

（2）了解关系数据模型理论；掌握关系型模型及其性质；理解关系型模型的主要概念，如：关系、元组、属性、域、分量、关键字等。

（3）掌握关键字的分类（超关键字、候选关键字、主关键字和外部关键字）及其概念。其中，外部关键字是指两张表具有“一对多”关系时，“多表”（或称为“子表”）中包含来自于“一表”（或称为“主表”）的主关键字，这个“一表”的主关键字在“多表”中就称为外部关键字。超关键字是指在表中能够唯一确定表的记录的一列或多列的属性组。

(4) 掌握关系的基本运算,如:并、交、差、笛卡尔积,以及投影、选择、联接、除等。

(5) 了解关系规范化理论,知道 1NF,2NF,3NF 所表示的含义。

4. 数据库系统应用实例

(1) 了解数据库设计过程,包括确定用户需求、数据收集、数据筛选、数据定义等。

(2) 掌握 E-R(实体-联系)图的基本概念。其中,尤其注意 E-R 图三个主要组成部分——实体、属性和联系的概念及其设计。

1.2 实训习题

1. 选择题

(1) 数据库技术的发展经历的三个阶段是________。

A. 人工管理阶段、文件管理阶段和数据库管理阶段

B. 层次模型阶段、网状模型阶段和关系模型阶段

C. PC 机数据库阶段、小型机数据库阶段和大型机数据库阶段

D. dBase 数据库阶段、FoxBase 数据库阶段和 FoxPro 数据库阶段

(2) DBMS 的含义是________。

A. 数据库系统　　B. 数据库管理系统

C. 数据库管理员　　D. 数据库

(3) 数据库系统的核心是________。

A. 数据模型　　B. 数据库管理系统

C. 数据库　　D. 数据库管理员

(4) 由计算机、DBMS、数据库、应用程序和人等组成的整体称为________。

A. 数据库系统　　B. 数据库管理系统

C. 文件系统　　D. 软件系统

(5) DBMS 的输入包括查询、数据修改和________。

A. 视图　　B. 查找　　C. 模式修改　　D. 删除

(6) 数据库设计中反映用户对数据要求的模式是________。

A. 内模式　　B. 概念模式　　C. 外模式　　D. 设计模式

（7）在数据库系统中，负责全面地管理和控制系统的人是________。

A. 应用程序员　　B. 数据库管理员

C. 系统分析员　　D. 用户

（8）数据库的结构从逻辑上可分为外部级、________和内部级。

A. 物理级　　B. 概念级　　C. 中间级　　D. 用户级

（9）下面关于数据库技术的说法中，不正确的是________。

A. 数据库的独立性是指数据的存储独立于使用它的应用程序

B. 数据库的共享性是指数据的正确性

C. 数据库的安全性是指数据不能被无关人员获取或破坏，保证数据的完整和正确

D. 数据库的一致性是指相同的数据在不同的应用程序中具有相同的值

（10）数据经历的三个领域是________。

A. 现实世界、逻辑世界和数据世界

B. 事物、对象和性质

C. 实体、对象和属性

D. 数据、记录和字段

（11）数据库系统与文件系统的最主要区别是________。

A. 文件系统不能解决数据冗余和数据独立性问题，而数据库系统可以

B. 文件系统只能管理程序文件，而数据库系统能够管理各种类型的文件

C. 文件系统管理的数据量较小，而数据库系统可以管理庞大的数据量

D. 数据库系统复杂，而文件系统简单

（12）在数据库管理技术发展的三个阶段中，数据共享最好的是________。

A. 人工管理阶段　　B. 文件系统阶段

C. 数据库系统阶段　　D. 三个阶段相同

（13）下面关于数据库技术的说法中，不正确的是________。

A. 数据的完整性是指数据的正确性和一致性

B. 防止非法用户对数据的存取,称为数据库的安全性防护

C. 采用数据库技术处理数据,数据冗余应该完全消失

D. 不同用户可以使用同一数据库,称为数据共享

(14) 目前,数据库管理系统(DBMS)有许多不同的产品。在下列 DBMS 产品中,不属于 Microsoft 公司开发的是________。

A. Visual FoxPro　　B. Access

C. SQL Server　　D. Oracle

(15) 数据库(DB)、数据库系统(DBS)、数据库管理系统(DBMS)三者之间的关系是________。

A. DBS 包括 DB 和 DBMS　　B. DBMS 包括 DB 和 DBS

C. DB 包括 DBS 和 DBMS　　D. DBS 就是 DB、也就是 DBMS

(16) 关系模型的基本结构是________。

A. 二维表　　B. 树形结构　　C. 无向图　　D. 有向图

(17) 目前三种基本的数据模型是________。

A. 层次模型、网络模型、关系模型

B. 对象模型、网络模型、关系模型

C. 网络模型、对象模型、层次模型

D. 层次模型、关系模型、对象模型

(18) 关系型数据库采用________表示实体和实体间的联系。

A. 对象　　B. 字段　　C. 二维表　　D. 表单

(19) 在关系模型中,同一个关系中的不同属性,其属性名________。

A. 可以相同　　B. 不能相同

C. 可以相同,但数据类型不同　　D. 必须相同

(20) 以下关于关系的说法正确的是________。

A. 列的次序非常重要　　B. 行的次序非常重要

C. 列的次序无关紧要　　D. 关键字必须指定为第一列

(21) Visual FoxPro 是一种________模型的数据库管理系统。

A. 层次　　B. 网络　　C. 对象　　D. 关系

(22) 对于二维表,下列说法中不正确的是________。

A. 二维表中的每一列均有唯一的字段名

B. 二维表中不允许出现完全相同的两行

C. 二维表中行的顺序、列的顺序均可以任意交换

D. 二维表中行的顺序、列的顺序不可以任意交换

（23）一个表的主关键字被包含到另一个表中时，在另一个表中称该关键字为________。

A. 外部关键字　　B. 主关键字

C. 超关键字　　D. 候选关键字

（24）关于表的关键字，不一定存在的是________。

A. 外部关键字　　B. 主关键字

C. 超关键字　　D. 候选关键字

（25）关系模型中，超关键字________。

A. 由一个属性组成，其值能唯一标识该关系模式中任何一个元组

B. 可由一个或多个属性组成，其值能唯一标识该关系模式中任何一个元组

C. 可由多个任意属性组成

D. 以上都不是

（26）以下关于关键字的说法不正确的是________。

A. 一般应用中，只需找出一个候选关键字而不必找出全部候选关键字

B. 如果主关键字过于复杂，可增设一个编码字段作为单一主关键字

C. 一张二维表可以有一个或多个超关键字，也可能没有超关键字

D. 外部关键字用来建立两张表之间的联系

（27）在关系型数据库中，一个关系对应于实际数据库的________。

A. 一组文字　　B. 一个记录

C. 一个数据表文件　　D. 文件间的联系

（28）一个学生可以使用多台计算机，而一台计算机可被多个学生使用，则实体学生与实体计算机之间的联系是________。

A. 一对一　　B. 一对多　　C. 多对多　　D. 多对一

（29）设有部门和职员两个实体，每个职员只能属于一个部门，一个部门可

以有多名职员，则部门与职员实体之间的联系是________类型。

A. m∶n　　B. 1∶m　　C. m∶k　　D. 1∶1

（30）人事档案管理系统是________。

A. 数据库　　B. 数据库管理系统

C. 数据库应用系统　　D. 数据库系统

（31）实体模型反映实体及实体之间的关系，是人们的头脑对现实世界中客观事物及其相互联系的认识，而________是实体模型的数据化，是观念世界的实体模型在数据世界中的反映，是对现实世界的抽象。

A. 逻辑模型　　B. 关系模型　　C. 数据模型　　D. 概念模型

（32）概念模型是按用户的观点对数据建模，它是对现实世界的第一层抽象。下列各项中属于概念模型的是________。

A. 物理模型　　B. 关系模型　　C. E-R 模型　　D. 逻辑模型

（33）E-R 图是 E-R 模型的图形表示法，它是表示概念模型的有力工具。在 E-R 图中，实体之间的联系用________表示。

A. 矩形框　　B. 菱形框　　C. 圆形框　　D. 椭圆形框

（34）实体是信息世界的术语，与之对应的数据库术语是________。

A. 文件　　B. 数据库　　C. 记录　　D. 字段

（35）将 E-R 图转换为关系模式时，实体和联系都可以表示为________。

A. 属性　　B. 键　　C. 关系　　D. 域

（36）在下列关系运算中，不改变关系表中的属性个数但能减少元组个数的是________。

A. 并运算　　B. 交运算　　C. 投影运算　　D. 笛卡儿乘积

（37）在下列四个选项中，不属于基本关系运算的是________。

A. 连接　　B. 投影　　C. 选择　　D. 排序

（38）在下列叙述中，错误的是________。

A. 关系型数据库中的每一个关系都是一个二维表

B. 在关系模型中，运算的对象和运算的结果都是二维表

C. 二维表中不允许出现任何数据冗余

D. Visual FoxPro 是一种关系型数据库管理系统产品

（39）在关系数据模型中，利用关系运算对两个关系进行操作，得到的结果是________。

A. 属性　　B. 关系　　C. 元组　　D. 关系模式

（40）在数据库设计中，将 E-R 图转换成关系数据模型属于________阶段的工作。

A. 需求分析　　B. 概念设计　　C. 逻辑设计　　D. 物理设计

（41）~（43）题基于 R，S，Q，T 和 P 五个关系，它们的结构如表 1-1-1 至表 1-1-5 所示。

表 1-1-1　R 关系

A	B	C
a	3	2
b	0	1
c	2	1

表 1-1-2　S 关系

D	E
Q001	7
Q002	6

表 1-1-3　Q 关系

A	B
a	3
b	0
c	2

表 1-1-4　T 关系

A	B	C
a	3	2
c	2	1

表 1-1-5　P 关系

A	B	C	D	E
a	3	2	Q001	7
b	0	1	Q001	7
c	2	1	Q002	6

（41）由关系 R 通过运算得到关系 Q，所使用的运算为________。

A. 选择　　B. 投影　　C. 插入　　D. 联接

（42）由关系 R 通过运算得到关系 T，所使用的运算为________。

A. 选择　　B. 投影　　C. 插入　　D. 联接

（43）由关系 R 和关系 S 通过运算得到关系 P，所使用的运算为________。

A. 选择　　B. 投影　　C. 插入　　D. 联接

（44）学生表中有学号、姓名和出生日期三个字段，SQL 语句“SELECT * FROM 学生 WHERE 学号 = '0010556102'”完成的操作称为________。

A. 选择　　B. 投影　　C. 联接　　D. 并

（45）在 Visual FoxPro 中，用 DIR 命令显示文件的扩展名为________。

A. .DBF　　B. .PRG　　C. .DBT　　D. 所有文件

2. 填空题

（1）数据库中的数据按一定的数据模型组织、描述和储存，具有较小的数据________度、较高的数据________性和易扩展性，并可以供用户共享。

（2）数据库技术的发展历经人工管理阶段、文件系统管理阶段和数据库管理系统阶段，这三个阶段中数据独立性最高的阶段是____________。

（3）数据库通常包括两部分内容：一是按一定的数据模型组织并实际存储的所有应用程序需要的数据；二是存放在数据字典中的各种描述信息，包括所有数据的存储格式、完整性约束等信息，这些描述信息通常称为________。

（4）利用计算机对数据进行处理，一般分为原始数据的收集、数据的规范化及其编码、数据输入、________和数据输出。

（5）所谓数据独立性是指数据与________之间不存在相互依赖关系。

（6）数据独立性分为逻辑独立性与物理独立性。当数据的存储结构改变时，其逻辑结构可以不变，因此，基于逻辑结构的应用程序不必修改，称为________。

（7）数据处理是对各种类型的数据进行________、________、分类、计算、加工、检索和传输的过程。

（8）数据库一般要求具有最小冗余度，这是指数据尽可能________。

（9）数据库系统中对数据库进行管理的核心软件是____________。

（10）数据库管理系统是用于建立、使用和维护数据库的系统软件，其英文缩写为________。

（11）为了实现数据的独立性，便于数据库的设计和实现，一般把数据库系统的结构定义为三级模式结构，即分为外模式、________和内模式。

（12）数据库系统一般由数据库、数据库管理系统（DBMS）、计算机支持系统、应用程序和有关人员等组成。其中________是位于用户(应用程序)和操作系统之间的软件。

(13) 数据模型是数据库系统中用于数据表示和操作的一组概念和定义。数据模型通常由3部分组成,即数据结构、数据操作和数据的________约束条件。

(14) 在关系数据库中,用来表示实体及实体之间联系的是________。

(15) 从二维表的候选关键字中,选出一个可作为________。

(16) 二维表中能唯一确定记录的一列或多列的组合称为超关键字。若一个超关键字去掉其中任何一个列后不再能唯一确定记录,则称其为________。

(17) Visual FoxPro 中的数据完整性规则包括:域完整性规则、________________、参照完整性规则和用户自定义完整性规则。

(18) 在基本表中,要求字段名________重复。

(19) 关系模型以关系代数理论为基础,并形成了一整套的关系数据库理论—规范化理论。关系规范的条件可以分为多级,每一级称为一个范式,记作nNF(n表示范式的级别)。在实际应用过程中(设计关系模式时),一般要求满足________。

(20) 关系的基本运算有两类。一是传统的集合计算,包括并、差、交运算;二是专门的关系运算,包括选择、________和联接。

(21) 目前较为流行的一种信息模型设计方法称为E-R方法,E-R方法的中文含义为________________。

(22) E-R图是E-R模型的图形表示法,它是表示概念模型的有力工具。在E-R模型中有3个基本的概念,即实体、联系和________,在E-R图中它们分别用矩形框、菱形框和椭圆形框来表示。

(23) 实体完整性约束要求关系数据库中元组的________属性值不能为空值。

(24) 关系中的每一行称为一个________,每一列称为一个________。

(25) E-R图中用________表示实体集,________表示联系,________表示属性。

(26) 有一个学生选课的关系,其中学生的关系模式为:学生(学号,姓名,班级,年龄);课程的关系模式为:课程(课号,课程名,学时)。其中两个关系模式的键分别是学号和课号，则关系模式选课可定义为：选课（学号，________，成绩）。

（27）数据流程图（Data Flow Diagram）是使用直观的图形符号来描述系统业务过程、信息流和数据要求的工具，可以比较准确地表达数据和处理的关系。基本的数据流程图符号有 4 种，分别表示外部实体、________、数据处理和数据存储。

（28）在 Visual FoxPro 中，SELECT 语句能够实现选择、投影和________三种专门的关系运算。

（29）在关系 A(S, SN, D) 和关系 B(D, CN, NM) 中，A 的主关键字是 S，B 的主关键字是 D，则称________是关系 A 的外码。

3. 简答题

（1）数据管理技术经历了哪几个发展阶段？

（2）数据库的主要特点有哪些？

（3）数据库系统有哪几个组成部分？

（4）数据库体系结构的三级模式有哪些？

（5）数据库中常用的数据模型有哪些？

（6）关系的性质有哪些？

（7）关系模型的完整性约束有哪些？

（8）数据库中的关键字通常分为哪几类？

（9）常见的关系型数据库管理系统有哪些？

第2章　Visual FoxPro 语言基础

2.1　知识纲要

1. Visual FoxPro 产品与基本操作

了解 Visual FoxPro 软件的特点，并掌握该软件安装、启动和退出的方法。

2. Visual FoxPro 用户界面及其规则

（1）熟悉 Visual FoxPro 的用户界面。

（2）熟练掌握 Visual FoxPro 的命令书写规则。

（3）掌握主要文件的扩展名（见表 1-2-1）。

表 1-2-1　主要文件类型扩展名

扩展名	文件类型	扩展名	文件类型
.CDX	表索引文件	.DBC	数据库文件
.DBF	表文件	.DCX	数据库索引文件
.DCT	数据库备注文件	.FPT	表备注文件
.FRX	报表文件	.LBX	标签文件
.MPR	菜单生成文件	.MNX	菜单文件
.PJX	项目文件	.PRG	程序文件
.QPR	查询文件	.SCX	表单文件
.VCX	类库文件		

（4）了解 Visual FoxPro 系统环境的设置，注意系统日期及默认路径的设置。如：

```
SET  DATE  TO  AMERICAN|ANSI|YMD|MDY|DMY|LONG
SET  DEFAULT  TO  <路径>
```

3. Visual FoxPro 数据类型、常数、变量

（1）熟练掌握 Visual FoxPro 的数据类型：字符型、数值型、货币型、日期型、日期时间型、逻辑型、浮点型、整型、双精度型、备注型、通用型等。其中，浮点型、整型、双精度型、备注型、通用型等只适用于表中字段，不适用于常数内存变量和数组。

（2）掌握常数的 6 种数据类型和表示方法。请注意书写形式及定界符的使用。

（3）掌握三种变量：内存变量、字段变量和数组变量。其中，熟练掌握内存变量的赋值（STORE，INPUT，ACCEPT，WAIT）、存盘操作（SAVE TO）、读盘操作（RESTORE FROM）和释放变量操作（RELEASE）等命令；充分理解 PUBLIC，PRIVATE，LOCAL 作用域的含义；了解数组变量的定义（DEMENSION | DECLARE）、赋值及与表之间记录的传递。

（4）掌握以下常用操作命令：

* 和 &&，? 和 ??，CLEAR，QUIT，ACCEPT，INPUT，DIR，MD/RD/CD，COPY FILE/RENAME/DELETE FILE，RELEASE 等。

4. Visual FoxPro 运算符与表达式

（1）了解空值（.NULL.）的定义与性质。

（2）熟练运用各种类型的运算符与表达式：数值型、字符型、日期和日期时间型、逻辑型、关系型及宏替换等，掌握运算符的表现形式及运算优先级。

5. Visual FoxPro 函数

（1）掌握主要数值函数：ABS（）、INT（）、MAX（）、MIN（）、MOD（）、ROUND（）。

（2）掌握主要字符函数：ALLTRIM（）、AT（）、BETWEEN（）、TYPE（）、EMPTY（）、LEN（）、LEFT（）、RIGHT（）、SPACE（）、SUBSTR（）。

（3）掌握主要日期和日期时间函数：DATE（）、DATETIME（）、DAY（）、MONTH（）、YEAR（）、TIME（）。

（4）掌握主要数据类型转换函数：ASC（）、CHR（）、VAL（）、STR（）、DTOC（）、CTOD（）。

（5）需要掌握的其他函数：VARTYPE（）、IIF（）、MESSAGEBOX（）、ISBLANK（）、ISNULL（）。

(6) 可进行了解的扩充函数: ATC( )、TRIM( )、STUFF( )、SQRT( )、RAND( )、DOW( )、CDOW( )、TTOC( )、CTOT( )、LOWER( )、UPPER( )、FILE( )、GETFILE( )、ISDIGIT( )、ISALPHA( )、GETCOLOR( )、FLOOR( )、CEILING( )、LIKE( )、INKEY( )、OCCURS( )。

6. 项目管理器

(1) 了解项目的概念,并熟练掌握项目管理器中各种文件的创建、添加、修改、移去、编译等操作。注意项目管理器中不同的选项卡包含的文件类型不同。

(2) 理解并设置主文件、项目信息及文件的排除和包含。需注意包含可执行程序(如程序、表单、报表、查询和菜单等)的文件应该在应用程序文件中设置为“包含”,数据文件则为“排除”。另外,主文件不能排除。

(3) 了解应用程序运行命令。

2.2　实训习题

1. 选择题

(1) 在 Visual FoxPro 中,存储图像的字段类型应该是________。

A. 备注型　　B. 通用型　　C. 字符型　　D. 双精度型

(2) 在 Visual FoxPro 中,下列命名中可以作为变量名的是________。

A. 学号　　B. 2012　学号　　C. 学号 2012　　D. 2012 学号

(3) 在下面的数据类型中默认值为. F. 的是________。

A. 数值型　　B. 字符型　　C. 逻辑型　　D. 日期型

(4) 如果要给日期型变量赋值,应将日期值放在________中。

A. ( )　　B. [ ]　　C. { }　　D. < >

(5) Visual FoxPro 中日期时间型数据的缺省值为________。

A. {12/30/1899 12:00:00 AM}　　B. {01/01/2000 12:00:00 PM}

C. { }　　D. {01/01/0001 00:00:00 }

(6) 存储一个日期型数据需要________字节。

A. 2　　B. 4　　C. 6　　D. 8

(7) 存储一个日期时间型数据需要________字节。

A. 2　　B. 4　　C. 6　　D. 8

(8) 下列有关数据操作的说法中,________是正确的。

A. 货币型数据不能参加算术运算

B. 两个日期型数据可以进行加法运算

C. 一个日期型数据可以加或减一个整数

D. 字符型数据能比较大小，日期型数据则不能

(9) 执行以下代码，m,n,x,y,z 的类型分别为________。

m = {^2012/4/12 10:10:30 AM}

n = YEAR(M)

x = $200

y = .T.

z = '06/24/07'

A. T,N,Y,L,C　　B. T,N,Y,L,D

C. D,C,N,L,C　　D. D,N,Y,L,D

(10) 扩展名为 DBC 的文件是________。

A. 表单文件　　B. 表文件　　C. 数据库文件　　D. 项目文件

(11) 下列符号中，除________外均是 Visual FoxPro 常量。

A. XY　　B. "XY"　　C. .T.　　D. 1998

(12) 下列符号中，除________外均是 Visual FoxPro 常量。

A. [2000/10/01]　　B. "江苏大学"

C. .N.　　D. 1/2

(13) 下列符号中，除________外均是 Visual FoxPro 常量。

A. 3.14　　B. "江苏大学"

C. [2000.10.01]　　D. 2000.10.01

(14) 下列符号中，除________外均是 Visual FoxPro 的内存变量名。

A. 男　　B. "男"　　C. X3　　D. F1F

(15) 下列符号中，除________外均不是 Visual FoxPro 的内存变量名。

A. X/Y　　B. X $ Y　　C. X－Y　　D. X_Y

(16) 要区分同名的内存变量和字段变量，最好________。

A. 释放同名内存变量

B. 关闭当前表文件

C. 在同名内存变量名前加上前缀 M ->

D. 在同名字段变量名前加上前缀 M ->

(17) 在命令窗口中创建的变量或数组被自动赋予________属性。

A. PUBLIC　B. PRIVATE　C. LOCAL　D. 无

(18) 数组元素建立后,其初值为________。

A. 0　B. 空字符串　C. .F.　D. .T.

(19) 若已定义了数组 A[3,5],则其元素个数为________。

A. 8　B. 15　C. 20　D. 24

(20) 执行下列命令后,屏幕上显示的结果是 ________。

```
x = "ARE YOU Ok?"
y = "are"
? AT(y,x)
```

A. 1　B. .F.　C. .T.　D. 0

(21) 扩展名为 MNX 的文件是________。

A. 备注文件　B. 项目文件　C. 表单文件　D. 菜单文件

(22) 在 Visual FoxPro 中创建项目,系统将建立一个项目文件,项目文件的扩展名是________。

A. .PRO　B. .PRJ　C. .PJX　D. .ITM

(23) 关于 Visual FoxPro 的变量,下面说法正确的是________。

A. 使用一个简单变量之前要先声明或定义

B. 数组中各数组元素的数据类型可以不同

C. 定义数组以后,系统为数组的每个数组元素赋以数值 0

D. 数组元素的下标下限是 0

(24) 执行如下命令序列后,最后一条命令的显示结果是________。

```
DIMENSION m(2,2)
m(1,1) =10
m(1,2) =20
m(2,1) =30
m(2,2) =40
? m(2)
```

A. 变量未定义的提示　B. 10

C. 20　　D. .F.

(25) 在 Visual FoxPro 中,说明数组的命令是________。

A. DIMENSION 和 ARRAY　　B. DECLARE 和 ARRAY

C. DIMENSION 和 DECLARE　　D. 只有 DIMENSION

(26) 在 Visual FoxPro 中,同一个数组中的各元素存放的数据类型________。

A. 必须相同　　B. 只能是 C,D,N 型

C. 可以不同　　D. 只能是 C,D,N,L 型

(27) 以下关于空值(NULL)的叙述正确的是________。

A. 空值等同于空字符串

B. 空值表示字段或变量还没有确定值

C. Visual FoxPro 不支持空值

D. 空值等同于数值 0

(28) 函数是程序设计语言中重要的语言成分。在下列 Visual FoxPro 系统函数中,其返回值不为字符型数据的是(　　)

A. TYPE( )　　B. DOW( )　　C. CHR( )　　D. TTOC( )

(29) 如果有定义 LOCAL data,data 的初值是________。

A. 整数 0　　B. 不定值　　C. 逻辑真　　D. 逻辑假

(30) 在下列函数中,函数的返回值为数值型的是________。

A. MESSAGEBOX( )　　B. EMPTY( )

C. DTOC( )　　D. TYPE( )

(31) 用 LOCAL 定义的内存变量是________。

A. 私有内存变量　　B. 全局内存变量

C. 本地内存变量　　D. 普通内存变量

(32) 有如下赋值语句,结果为"大家好"的表达式是________。

a ="你好"

b ="大家"

A. b + at(a,1)　　B. b + right(a,1)

C. b + left(a,3,4)　　D. b + right(a,2)

(33) 在下列有关 Visual FoxPro 表达式中,语法上有错误的是________。

A. DATETIME( ) +1000

B. DATE( ) -1000

C. DATETIME( ) - DATE( )

D. DTOC(DATE( ) - TTOC(DATETIME( ))

(34) 在下面的 Visual FoxPro 表达式中,运算结果不为逻辑真的是________。

A. EMPTY(SPACE(0))　　B. LIKE("xy* ","xyz")

C. AT("xy","abcxyz")　　D. ISNULL(. null.)

(35) 设 X = "11",Y = "1122",下列表达式结果为假的是________。

A. NOT(X == Y)　AND (X$Y)

B. NOT(X$Y)　OR　(X <> Y)

C. NOT(X >= Y)

D. NOT(X$Y)

(36) 假设职员表已在当前工作区打开,其当前记录的"姓名"字段值为"张三"(字符型,宽度为 6)。在命令窗口输入并执行如下命令:

姓名 = 姓名 - "您好"

? 姓名

那么主窗口中将显示________。

A. 张三　　B. 张三　您好

C. 张三您好　　D. 出错

(37) 在 Visual FoxPro 中,宏替换可以从变量中替换出________。

A. 字符串　　B. 数值

C. 命令　　D. 以上 3 种都可能

(38) 在 Visual FoxPro 中,下列关于日期或日期时间的表达式错误的是________。

A. {^2012.09.01 11:10:10AM} - {^2011.09.01 11:10:10AM}

B. {^2012/01/01} +20

C. {^2012.02.01} + {^2011.02.01}

D. {^2012/02/01} - {^2011/02/01}

(39) INT(-8.8)的函数值为________。

A. 8　　B. -8　　C. 9　　D. -9

(40) 以下函数具有四舍五入功能的是________。

A. INT( )　　B. ROUND( )　　C. CEILING( )　　D. ABS( )

(41) MOD(-7, -4)的函数值为________。

A. -3　　B. 3　　C. -1　　D. 1

(42) VAL("12.34 +56.78")的函数值为________。

A. 69.12　　B. 12.34　　C. 12.345678　　D. 1256.3478

(43) VAL("1A3")的函数值为________。

A. 1.0　　B. 3.0　　C. 1000.0　　D. 0.0

(44) ASC("AB")的函数值为________。

A. 131　　B. 0　　C. 65　　D. 66

(45) CHR(65 +2)的函数值为________。

A. "A"　　B. "B"　　C. "C"　　D. "D"

(46) CHR(ASC("0") +7)的函数值为________。

A. "0"　　B. "7"　　C. " "　　D. BEL

(47) AT("XY","AXYBXYC")的函数值为________。

A. 0　　B. 2　　C. 5　　D. 7

(48) 函数 LEN("JIANGSU UNIVERSITY")的值为________。

A. 18　　B. 20　　C. 17　　D. 21

(49) 函数 LEN(ALLTRIM("□MADE□IN□CHINA□"))的值为________。

A. 11　　B. 13　　C. 15　　D. 17

(50) 以下函数中能返回指定日期是一周中的第几天的是________。

A. YEAR( )　　B. DOW( )　　C. WEEK( )　　D. DAY( )

(51) 以下函数中能返回指定日期是一年中的第几周的是________。

A. YEAR( )　　B. DOW( )　　C. WEEK( )　　D. DAY( )

(52) 函数 YEAR( )值的类型为________。

A. 日期型　　B. 日期时间型　　C. 字符型　　D. 数值型

(53) 函数 WEEK(DATE( ))值的类型为________。

A. 日期型　　B. 日期时间型　　C. 字符型　　D. 数值型

(54) 在下面的表达式中,运算结果为逻辑真的是________。

A. EMPTY(.NULL.)

B. LIKE("edit","edi?")

C. AT("a","123abc")

D. EMPTY(SPACE(10))

(55) 下列表达式中不符合 Visual FoxPro V6.0 规定的是________。

A. [06/24/99]　　B. .T. + .t.

C. STR(123)　　D. x * 3 > 14

(56)在 Visual FoxPro V6.0 中,下列表达式不正确的是________。

A. 120 + 40 = 60　　B. [888] - [666]

C. STR(12345) - 1　　D. CTOD('06/24/00') - 21

(57) 在表达式 time1 = time2 + x 中,time1 和 time2 都是日期时间型,则 x 是________。

A. 小时数　　B. 分钟数　　C. 秒数　　D. 毫秒数

(58) 下列表达式中不正确的是________。

A. {^2005/12/6} + 50

B. {^2005/12/20} - {^2005/12/6}

C. DATE() + CTOD("12/6/2005")

D. DTOC(DATE()) + "12/6/05"

(59) 执行命令"? 2E3 + 2^3 + 50"的结果是________。

A. 66.00　　B. 2056.00　　C. 2058.00　　D. 错误信息

(60) 假定系统日期是 2012 年 5 月 20 日,有如下命令:

a1 = DATE( ) + 3

y = {^2012 - 05 - 30} - a1

执行该命令后,y 的值是________。

A. 2012　　B. 2003　　C. 3　　D. 7

(61) x = 10,语句? VARTYPE("x")的输出结果是________。

A. N　　B. C　　C. 10　　D. X

(62) 利用 SET DATE 命令可以设置日期显示的格式。例如,将日期显示为"2012 年 3 月 24 日"的形式,可以使用命令________进行日期格式设置。

A. SET DATE TO YMD　　B. SET DATE TO "年月日"

C. SET DATE TO CHINESE　　D. SET DATE TO LONG

(63) 以下几组表达式中,返回值均为.T.(真)的是________。

A. EMPTY({}),ISNULL(SPACE(0)),EMPTY(0)

B. EMPTY(0),ISBLANK(.NULL.),ISNULL(.NULL.)

C. EMPTY(SPACE(0)),ISBLANK(0),EMPTY(0)

D. EMPTY({}),EMPTY(SPACE(5)),EMPTY(0)

(64) 执行下列程序后,屏幕上显示的结果为________。

```
SET TALK OFF
CLEAR
x ="18"
y ="2E3"
w ="ABC"
? VAL(x)+ VAL(y)+ VAL(w)
```

A. 2018.00　　B. 18.00　　C. 20.00　　D. 错误信息

(65) 已知数值型变量 x = 1, y = 2, 以下返回值为"!3!"的表达式是________。

A. "!" + STR(x + y,1)+ "!"

B. "!" + "x + y" + "!"

C. "!" + VAL("x + y")+ "!"

D. "!" + x + y + "!"

(66) 表达式 ROUND(168.98,0) < INT(168.98)的结果为________。

A. .T.　　B. T　　C. F　　D. .F.

(67) 设 x = 168, y = 69, z = 'x - y',表达式 1 + &z. 的值是________。

A. 1 + x + y　　B. 169

C. 100　　D. 数据类型不匹配

(68) 利用命令 DIMENSION x(2,3)定义了一个名为 x 的数组后,依次执行三条赋值命令 x(3) = 10, x(5) = 20, x = 30,则数组元素 x(1,1), x(1,3), x(2,2)的值分别是________。

A. 30,30,30　　B. F.,10,20

C. 30,10,20　　D. 0,10,20

（69）运行下列程序后，屏幕上的显示内容是________。

```
y = DTOC(DATE(),1)
y = .NULL.
? TYPE("y")
```

A. C　　B. D　　C. L　　D. .NULL.

（70）从内存中清除内存变量的命令是________。

A. RELEASE　　B. DELETE

C. ERASE　　D. DESTROY

（71）如果从键盘上输入一个表达式，应该使用________命令。

A. ACCEPT　　B. WAIT　　C. INPUT　　D. COUNT

（72）设变量 x 的值为"FOXPRO"，则下列表达式中运算结果为.T. 的是________。

A. AT("PR",x)　　B. BETWEEN(x,"A","J")

C. SUBSTR(LOWER(x),4) $ x　　D. ISNULL(SUBSTR(x,7))

（73）执行下列程序，输出结果为________。

```
SET EXACT ON
a = "ni" + SPACE(2)
  IF a == "ni"
    ? "A"
  ELSE
    IF a = "ni"
      ? "B"
    ELSE
      ? "C"
    ENDIF
  ENDIF
```

A. A　　B. B　　C. C　　D. .F.

（74）在一个 Visual FoxPro 项目中可以选择一个文件设置为主文件，用它作为应用系统运行时的起点。在下列 4 种类型的文件中，不能够作为主文件的是________。

A. 数据表　　B. 表单　　C. 菜单　　D. 程序

(75) 文本文件可以添加到项目管理器中的________选项卡中。

A. 文档　　B. 数据　　C. 代码　　D. 其他

(76) 在下列与项目设置、连编等操作相关的叙述中,错误的是________。

A. 一个项目中只能设置一个主程序

B. 在连编项目之前,必须将所有的文件设置为包含

C. 将项目连编为可执行程序后,该可执行程序可以在不启动 Visual FoxPro 的情况下执行

D. 利用连编操作,可以将项目文件中的类信息连编成具有 DLL 文件扩展名的动态链接库

(77) 在下列与项目设置、连编等操作相关的叙述中,错误的是________。

A. 在默认情况下,数据库与表在项目中处于排除状态,表单、菜单、程序处于包含状态

B. 系统总是将第一个创建的且可以设置为主程序的文件设置为默认的主程序

C. 在连编项目时,系统将检查是否存在语法错误

D. 将项目连编为可执行程序后,项目中所有的文件将被编译在该可执行文件中

(78) 项目管理器的功能是组织和管理所有与该应用系统有关的各种类型的________。

A. 数据　　B. 程序　　C. 文件　　D. 项目

(79) 有关项目管理器的说法不正确的是________。

A. 项目管理器泊留后将自动折叠,只显示选项卡

B. 用“展开/折叠”按钮可将项目管理器展开或折叠

C. 项目管理器折叠时不可使用

D. 项目管理器折叠时,可单击某个选项卡来打开它

(80) 以下命令中,能关闭项目管理器的是________。

A. Close All　　B. Close Database

C. Clear　　D. Clear Memory

2. 填空题

(1) 目前用户通常是在操作系统环境下(如在"我的电脑"或"资源管理器"窗口中)创建和删除文件夹。在 Visual FoxPro 中,也可以使用 MD 命令来创建新文件夹、________命令删除已建文件夹、________命令是改变当前工作目录。

(2) 在 Visual FoxPro 中,用户可以利用命令来修改系统的操作环境(如默认工作目录等),也可以通过菜单打开________对话框进行设置。

(3) 字符型常量最多可有________个字符。

(4) 日期时间型的空值可表示为________。

(5) 通用数据类型用于在表中存储________。

(6) 利用 DBSETPROP()函数,可以设置当前数据库的属性,或设置当前数据库中表的字段或视图的有关属性。例如,要设置当前数据库中 js 表的 gh 字段的标题属性,可以使用函数:

DBSETRPOP(' ________','FIELD','Caption','工号')。

(7) 在 Visual FoxPro 中,数据库表 s 中通用型字段的内容将存储在________文件中。

(8) Visual FoxPro 6.0 是一个________位的数据库管理系统。

(9) 当内存变量与字段变量同名时,可在内存变量名前加上________前缀以示区别。

(10) 设变量 x 的值为'abc '(其长度为 4,末尾为一个空格字符),变量 y 的值为' abc'(其长度为 4,第一个字符为空格),则表达式 LEN(x + y)和 LEN(x - y)的返回值分别为________。

(11) 把当前表当前记录的学号,姓名字段值复制到数组 a 的命令是:SCATTER FIELD 学号,姓名________。

(12) 在 Visual FoxPro 中说明数组后,数组的每个元素在未赋值之前的默认值是________。

(13) 某企业实行人性化管理,在每个员工生日的当日会赠送礼物。若其人事档案表中包含一个出生日期字段(字段名为 csrq,类型为日期型),则根据"月日"(不包含"年份")创建索引时,其索引表达式可以为______________。

(14) 为了测试一个表文件是否已在某个工作区中打开,可使用函数________。

(15) 执行命令 a =2005/4/2 之后,内存变量 a 的数据类型是________。

(16) 表达式{^2012 -1 -3 10:0:0} - {^2012 -10 -3 9:0:0}的数据类型是________。

(17) 若在一个运算表达式中,a. 逻辑运算;b. 关系运算;和 c. 算术运算混合在一起,其中不包括括号,则它们的运算顺序是________。

(18) LEFT("123456789",len('数据库'))的计算结果是________。

(19) 函数 ROUND(1234.5678, -3)的值是________。

(20) 当 STR( )函数返回一串星号时表示________。

(21) 函数 STR(1234.5678,8,3)的值是________。

(22) 函数 RAND( )返回的是一个________区间的随机数。

(23) 函数 AT(a,b)返回的是字符串 a 在字符串 b 中________出现的首字符位置。

(24) 函数 LEFT( )或 RIGHT( )可以用函数________来实现。

(25) 函数________可用来替换字符串中指定位置、指定个数的字符。

(26) 函数________可返回一个字符表达式在另一个字符表达式中出现的次数。

(27) 设置日期格式为年月日的命令是________________。

(28) 表达式 STUFF("GOODBOY",5,3,"GIRL")的运算结果是________。

(29) ? AT("EN",RIGHT("STUDENT",4))的执行结果是________。

(30) 函数 LEN(DTOC(DATE( ),1))的返回值是________。

(31) 设定 Visual FoxPro 的默认路径为 D:\data,使用命令____________。

(32) 用户可使用 SAVE TO 命令将内存变量保存到文件中,在默认情况下,用于保存内存变量的文件的扩展名为________。

(33) 函数 ROUND(1234.196, -2)的返回值为________,

SUBSTR("mystring",6)的返回值为________。

(34) 设日期格式为月日年,则表达式 CTOD([09/10/2000]) > CTOD([08/11/2002])的值为________。

(35) 表达式 LEN(TRIM("a" + SPACE(5) +"b"))的值为________。

(36) 字符、日期和时间、算术操作符的优先级________关系操作符,关系操作符的优先级________逻辑操作符。

(37) 设 X 的值为[＊＊]，则 2&X.3 的值为________。

(38) 使用宏替换时，如果要替换的变量名后还有其他字符，应插入________符号来作为宏替换的结束标识。

(39) 函数 STRTRAN(STR(35.96)，SPACE(2)，"＊")的返回值为________。(提示：系统函数 STRTRAN(<字符串 1>，<字符串 2>，<字符串 3>)的功能是用<字符串 3>替换<字符串 1>中所包含的<字符串 2>)

(40) MESSAGEBOX()函数的功能是显示一个用户自定义对话框。若未指定该对话框的标题，则对话框的默认标题为：________________。

(41) 在 Visual FoxPro 中，内存变量通常不需要特别声明(定义)，在需要使用时可以直接进行赋值。但通过预先的声明，可以定义变量的作用域。例如，命令(语句)________ x，y 声明了两个全局变量 x 和 y。

(42) 函数 ABS(MOD(-23，-5))的返回值为________；若要产生一个 0～1 之间的随机数，可以使用函数________。

(43) 在 Visual FoxPro 中，________________文件可以作为项目主文件。

(44) 将 project 项目连编成 myproject.exe 文件，命令为________________。

(45) Visual FoxPro 应用程序中一般要包含启动事件循环的命令和结束事件循环的命令，且启动事件循环的命令通常包含在主程序中，该命令为________ EVENTS。

(46) 项目管理器的数据选项卡用于显示和管理数据库、查询、视图和________。

(47) 将一个项目编译成一个应用程序时，如果应用程序中包含需要用户修改的文件，必须将该文件标为________。

(48) 在命令窗口中，由黑色变为蓝色的字符串称为________________。

(49) 如欲在一个被分成多行的命令中插入一个新行时，可按________________键。

(50) 项目文件的扩展名是________，其备注文件扩展名是________。

(51) 项目管理器将项目中的文件分为________、________、________、________、________五大类。

第3章　数据表及其操作

3.1　知识纲要

1. 数据表设计与创建

(1) 认识数据表的分类(分为自由表和数据库表)。

(2) 理解数据表的基本组成(表名、记录、字段、关键字等)的相关概念和含义。

(3) 熟练利用表设计器、表向导设计数据表结构,重点掌握 CREATE TABLE - SQL命令。

(4) 掌握打开数据表命令 USE 的使用,注意区分独占(EXCLUSIVE)方式和共享(SHARED)方式。

(5) 掌握关闭数据表的相关命令(USE [IN 工作区号 | <表别名>]、CLOSE TABLES [ALL]、CLOSE ALL、CLEAR ALL 等命令区别)。

(6) 熟悉数据表记录输入的方式:菜单输入、APPEND [BLANK] | FROM 命令。重点掌握 INSERT INTO - SQL 记录插入命令。

(7) 掌握数据表记录输出的相关命令(LIST | DISPLAY)。注意:记录的范围(ALL, NEXT n,REST,RECORD n),条件的筛选(FOR 和 WHILE 的区别),OFF 参数的含义及去向(TO PRINTER | FILES <文件名>)的使用。

2. 数据表维护

(1) 熟练掌握数据表结构的修改,了解 MODIFY STRUCTURE 命令,重点掌握 ALTER TABLE - SQL 命令的使用(包括增加、修改、删除字段和修改字段名)。

(2) 熟练掌握数据表记录的修改,会操作浏览修改 BROWSE、成批替代 REPLACE 等命令,重点掌握 REPLACE 和 UPDATE - SQL 命令的使用。

（3）掌握数据表记录删除的相关命令：逻辑删除 DELETE 命令、恢复记录 RECALL 命令、物理删除记录 PACK 和 ZAP 命令。重点掌握 DELETE FROM – SQL 命令。

（4）掌握字段筛选 SET FIELDS TO 命令与记录过滤 SET FILTER TO 命令，并注意区分使用形式。

（5）掌握表结构复制 COPY STRUCTURE TO 命令、表复制 COPY TO 命令（结构和内容），理解它们的区别。

3. 数据查询与统计

（1）了解表文件的基本结构，重点掌握表头、表体、记录开始标志、记录指针和结束标志。

（2）掌握记录指针的定位操作，注意区分绝对定位 GO|GOTO 命令、相对定位 SKIP 命令在物理顺序和逻辑顺序下的区别。

（3）掌握表定位的相关函数：RECCOUNT( )、RECNO( )、BOF( )、EOF( )函数，尤其注意表记录指针定位和对空表操作时以上函数的返回值。

（4）掌握记录条件定位 LOCATE 命令，继续顺序查找的 CONTINUE 命令，并结合 FOUND( )、EOF( )函数实现定位操作等。

（5）理解索引文件类型的概念及其分类，着重掌握结构化复合索引文件的内涵和操作。

（6）理解索引类型的概念及其分类：主索引、候选索引、普通索引和唯一索引，尤其注意区分主索引和主控索引的概念。

（7）掌握利用表设计器方式创建结构化复合索引文件的过程，重点掌握索引类型和索引表达式的设置。

4. 工作区与多用户模式

（1）理解工作区的概念和性质、工作区的编号和别名定义规则。

（2）掌握选择工作区的 SELECT 命令及测定工作区的 SELECT( )函数，注意理解不同参数的含义。

（3）理解多用户模式下，独占方式和共享方式的命令与区别，注意同一表在不同工作区同时打开时，必须加 AGAIN 子句。

（4）理解数据缓冲的几种方式：无缓冲、保守式行缓冲、开放式行缓冲、保守式表缓冲、开放式表缓冲。

(5) 掌握表的其他相关函数:FCOUNT( )、ALIAS( )、FIELD( )、USED( )、DELETE( )。掌握数据库表属性测试和设置函数 DBGETPROP( )和 DBSETPROP( )。

3.2 实训习题

1. 选择题

(1) 定义表结构时,字段宽度固定的数据类型是________。

A. 字符型、数值型、备注型

B. 字符型、二进制字符型、通用型

C. 数值型、逻辑性、日期型

D. 逻辑性、日期时间型、通用型

(2) 用户在创建某个表的结构时,使用了通用型字段且为表创建了结构化复合索引,则在保存该表结构后,系统会在磁盘上生成________个文件。

A. 1　　B. 2　　C. 3　　D. 4

(3) 在创建表时,许多类型的字段需要指定字段宽度。若要求表的某数值型字段能够存放 3 位小数,则该字段的宽度最少应当定义成________。

A. 3 位　　B. 4 位　　C. 5 位　　D. 6 位

(4) 执行如下一段程序后,浏览窗口中显示的表及当前工作区号分别是________。

```
CLOSE   ALL
USE   xs
SELECT   3
USE   js
USE   kc   IN   0
BROWSE
```

A. kc,2　　B. js,3　　C. kc,3　　D. js,2

(5) 在 Visual FoxPro 6.0 中,不能肯定将当前记录定位到物理记录号为 1 的命令是________。

A. GO 1　　B. GO RECORD 1

C. GO TOP　　D. LOCATE FOR RECNO( )=1

(6) 若表文件结构中含有备注型字段,则系统会自动建立一个与表文件同名的________。

A. . TXT　　B. . CDX　　C. . FPT　　D. . DBF

(7) 在 Visual FoxPro 中,描述正确的是________。

A. 对表的所有操作,都不需要使用 USE 命令先打开表

B. 所有 SQL 命令对表的所有操作都不需使用 USE 命令先打开表

C. 部分 SQL 命令对表的所有操作都不需使用 USE 命令先打开表

D. 传统的 FoxPro 命令对表的所有操作都不需使用 USE 命令先打开表

(8) 可以链接或嵌入 OLE 对象的字段类型是________。

A. 备注型字段　　B. 通用型和备注型字段

C. 通用型字段　　D. 任何类型字段

(9) 设某数据库中的学生表(xs. DBF)已在 2 号工作区中打开,且当前工作区为 1 号工作区,则下列命令中不能将 xs 表关闭的是________。

A. CLOSE TABLE ALL　　B. USE IN 2

C. CLOSE DATABASE ALL　　D. USE

(10) 复制表文件的结构使用________命令。

A. APPEND　　B. DISPLAY

C. COPY STRUCTURE TO　　D. TYPE

(11) 设当前表中共有 10 条记录,当前记录号是 3,执行命令 LIST REST 后,所显示记录的记录号范围是________。

A. 3 -5　　B. 4 -10

C. 3 -10　　D. 4 -6

(12) 若为 xs 表添加一个宽度为 6 的字符型字段 mc,以下命令中正确的是________。

A. ALTER　TABLE　xs　ADD　mc C(6)

B. ALTER　xs　ADD　COLUMN　mc C(6)

C. ALTER　TABLE　xs　ALTER　mc C(6)

D. ALTER　TABLE　xs　ADD FIELD mc C(6)

(13) MODIFY STRUCTURE 命令的功能是________。

A. 修改记录值　　B. 修改表结构

C. 修改数据库结构　　D. 修改数据库或表的结构

（14）设表文件已经打开，当前记录相应字段变量的值是：数量 =100，交易日期 = {^2017/05/18}，供销标志 = .F.。在下列命令中，不能显示该记录的命令是________。

A. DISPLAY FOR　数量 >50 AND ！供销标志 AND；
交易日期 >= {^2017/05/08}

B. DISPLAY FOR（数量 >50 AND YEAR（交易日期）>=2017）OR；
供销标志

C. DISPLAY FOR　数量 =100 AND（交易日期 >= {^2017/04/18}；
AND 供销标志）

D. DISPLAY FOR　供销标志 OR　交易日期 = {^2017/05/18}

（15）利用 SET DATE 命令可以设置日期显示的格式。例如，将日期显示为"2017 年 3 月 24 日"形式，可以使用命令________进行日期格式设置。

A. SET DATE TO YMD　　B. SET DATE TO "年月日"

C. SET DATE TO CHINESE　　D. SET DATE TO LONG

（16）表文件 sta. DBF 的学号和姓名字段的数据复制成另一表文件 stb. DBF，应使用下列两条命令成一条命令：________。

A. USE sta，COPY TO stb FIELDS　学号，姓名

B. USE stb，COPY TO sta FIELDS　学号，姓名

C. COPY sta TO stb FIELDS　学号，姓名

D. COPY stb TO sta FIELDS　学号，姓名

（17）假如数据表中有"数学""语文""物理""化学""英语""总分"等字段，它们都为数值型，如果要求输出所有学生的总分并添入"总分"字段中，应使用的命令是________。

A. REPLACE 总分 WITH 数学 + 语文 + 物理 + 化学 + 英语

B. REPLACE 总分 WITH 数学，语文，物理，化学，英语

C. REPLACE ALL 总分 WITH 数学 + 语文 + 物理 + 化学 + 英语

D. REPLACE 总分 WITH 数学 + 语文 + 物理 + 化学 + 英语 FOR ALL

（18）打开 xs 表的命令是________。

A. USE xs　　B. USE TABLE xs

C. OPEN xs　　D. OPEN TABLE xs

（19）以下不是关闭表的命令的是________。

A. USE　　B. USE ALL

C. CLOSE ALL　　D. CLOSE TABLES

（20）表(table)是存储数据的容器。在下列有关 Visual FoxPro 表的叙述中,错误的是________。

A. 系统默认的表文件扩展名为.dbf

B. 利用表设计器创建表结构时,系统默认的字符型字段宽度为 10

C. 自由表的索引功能与数据库表有区别

D. 表文件名在命名时只要遵循操作系统的规定,Visual FoxPro 本身无任何新的限定

（21）在 Visual FoxPro 6.0 的表文件中,每条记录的总宽度比各字段宽度的和多一个字节,这个字节用于________。

A. 无用　　B. 放序号

C. 放记录号　　D. 放删除标记

（22）设当前表文件中有日期型字段“出生日期”和逻辑型字段“代培否”(其值为.T.,表示代培)。不能显示当前表中所有 1988 年后出生的非代培学生的记录的命令的是________。

A. LIST FOR 出生日期>={^1988-01-01} .AND. .NOT.代培否

B. LIST FOR YEAR(出生日期)>=1988.AND. .NOT.代培否

C. LIST FOR YEAR(出生日期)>="1988".AND. 代培否

D. DISP FOR 出生日期>={^1988-01-01} .AND. .NOT.代培否

（23）浏览 xb 为“女”的所有记录的 xh 和 xm 字段的值,且不可修改,只能追加或删除,并将浏览窗口标题命名为“女学生”,应使用命令________。

A. BROWSE xh, xm FOR xb="女"

B. BROWSE FIELDS xh,xm FOR xb="女" NOMODIFY;
TITLE "女学生"

C. BROWSE FIELDS xh,xm FOR xb="女" NOREAD TITLE;
"女学生"

D. BROWSE　FIELDS　xh,xm　FOR　xb="女" FREEZE　xm,;
　　xh TITLE　"女学生"

（24）学生表 xs 的表结构为:学号(xh　C(10)),姓名(xm　C(10)),出生日期(csrq,D),性别(xb,L),入学成绩(rxcj,N(5,1))。用 INSERT 命令向 xs 表添加一条新记录,记录内容见表 1-3-1。

表 1-3-1　xs 表记录

xh	xm	csrq	xb	rxcj
2044610006	郑玉奇	1999/02/02	.T.	426

下列命令中正确的是________。

A. INSERT INTO　xs　VALUES("2044610006","郑玉奇",;
　　{^1999/02/02},.T.,426)

B. INSERT TO　xs　VALUES("2044610006","郑玉奇",;
　　{^1999/02/02},.T.,426)

C. INSERT INTO　xs　VALUES(2044610006,郑玉奇,1999/02/02,;
　　.T.,426)

D. INSERT TO　xs　VALUES(2044610006,郑玉奇, 1999/02/02,;
　　.T.,426)

（25）命令 DELETE ALL 和 ZAP 的区别是________。

A. DELETE ALL 只删除当前工作区的所有记录,而 ZAP 删除所有工作区的记录

B. DELETE ALL 删除当前工作区的所有记录,而 ZAP 只删除当前的记录

C. DELETE ALL 只删除记录,而 ZAP 连同表文件一起删除

D. DELETE ALL 删除记录后可用 RECALL 命令恢复,而 ZAP 删除后不能恢复

（26）当前打开的图书表中有字符型字段“图书号”,要求将图书号以字母 A 开头的图书记录全部打上删除标记,通常可以使用________。

A. DELETE FOR 图书号="A"

B. DELETE WHILE 图书号="A"

C. DELETE FOR LIKE("A *",图书号)

D. DELETE FOR LIKE("A?",图书号)

(27) 若 Visual FoxPro 的命令中同时含有 FOR、WHILE 和范围子句,则3个子句执行时的优先级顺序为________。

A. FOR、WHILE、范围

B. WHILE、范围、FOR

C. 范围、WHILE、FOR

D. 无优先级,按子句出现的顺序执行

(28) 若要删除当前表中某些记录,应先后使用的两条命令是________。

A. DELETE—ZAP　　B. DELETE—PACK

C. ZAP—PACK　　D. DELETE—RECALL

(29) 已经打开表文件 xs. dbf,其中有出生年月(日期型)和年龄(数值型)字段,要计算每个职工今年的年龄并把其值填入年龄字段中,应使用命令________。

A. REPLACE 年龄 WITH YEAR(DATE()) - YEAR(出生年月)

B. REPLACE ALL 年龄 WITH YEAR(DATE())- YEAR(出生年月)

C. REPLACE ALL 年龄 WITH DATE() - 出生年月

D. REPLACE ALL 年龄 WITH DTOC(DATE()- DTOC(出生年月)

(30) gz(工资)表中有 jbgz(基本工资)、zc(职称)字段,要给所有职称为教授或副教授的人员每人基本工资增加500元,不可以使用的命令是________。

A. UPDATE gz SET jbgz = jbgz + 500 WHERE "教授"$zc

B. UPDATE gz SET jbgz = jbgz + 500 WHERE;
RIGHT(zc, 4) = "教授"

C. REPLACE ALL jbgz WITH jbgz + 500 FOR zc="教授";
OR zc = "副教授"

D. UPDATE gz SET jbgz = jbgz + 500 WHERE zc="教授";
OR zc = "副教授"

(31) 以下关于 LOCATE 命令表述正确的是________。

A. LOCATE 命令是进行索引查询

B. 使用该命令前必须建立相应的索引

C. 该命令是查找并定位在指定范围满足条件的第一条记录上

D. 其后面只能跟一个 CONTINUE 命令

(32) 在创建表索引时,索引表达式可以包含表的一个或多个字段。在下列字段类型中,不能直接选作索引表达式的是________。

A. 货币型　　B. 日期时间型　　C. 逻辑型　　D. 备注型

(33) xs. DBF 中有字段:姓名(C,10),出生年月(D),总分(N,4)等,要建立姓名、总分、出生年月的组合索引,其索引关键字表达式是________。

A. 姓名 + 总分 + 出生年月

B. "姓名" + "总分" + "出生年月"

C. 姓名 + STR(总分) + STR(出生年月)

D. 姓名 + STR(总分) + DTOC(出生年月,1)

(34) 创建索引时必须定义索引名。定义索引名时,下列叙述中不正确的是________。

A. 索引名只能包含字母、汉字、数字符号和下划线

B. 组成索引名的长度不受限制

C. 索引名可以与字段名同名

D. 索引名的第一个字符不可以为数字符号

(35) 下面有关索引文件的描述正确的是________。

A. 建立索引以后,原来的数据表文件中记录的物理顺序将被改变

B. 索引与数据表的数据存储在一个文件中

C. 表 student. dbf 的结构化复合索引文件为 student. cdx

D. 使用索引并不能加快对表的查询

(36) 打开表并设置当前有效索引(相关索引已建立)的正确的命令是________。

A. ORDER student　IN 2 INDEX 学号

B. USE student IN　2　ORDER　学号

C. INDEX 学号　ORDER　student

D. USE student　IN 2

(37) 从文件名的角度,把索引文件分为________两种文件。

A. 独立索引文件(IDX)、复合索引文件(CDX)

B. 结构化复合索引文件、非结构化复合索引文件

C. 复合索引文件(CDX)、非结构化复合索引文件

D. 非结构化复合索引文件、独立索引文件(IDX)

(38) 在 Visual FoxPro 中,若要将当前工作区中打开的表文件 gzb.dbf 复制到 C 盘根目录下生成一个文件名为 gzb1 的 EXCEL 文件,则可以使用命令________。

A. COPY gzb.dbf　TO　C:\gzb1.xls

B. COPY　TO　C:\gzb1.xls

C. COPY　TO　C:\gzb1.xls　TYPE　SDF

D. COPY　TO　C:\gzb1　TYPE　XLS

(39) 表文件及相关索引文件已打开,执行 LIST 命令,记录显示的顺序是________。

A. 按表文件中的记录号由小到大的顺序排列

B. 按主索引文件(或主索引标识)中索引关键字表达式的值所指定的顺序排列

C. 按次索引文件中索引关键字的值由小到大的顺序排列

D. 按主索引文件关键字表达式的值由小到大的顺序,主索引关键字的值相同的记录按次索引文件关键字值由小到大的顺序排列

(40) 已知 zg 表中有 gzrq(工作日期),将 zg 表中所有工作年龄超过 55 岁的职工记录加注删除标记,则可以使用命令________

A. DELETE　FROM　zg　WHERE　(DATE() - gzrq)/365 > 55

B. DELETE　zg　WHERE (DATE() - gzrq)/365 > 55

C. DELETE　zg　WHERE　(YEAR(DATE()) - YEAR(gzrq)) > 55

D. DELETE　FROM　zg　FOR (DATE() - gzrq)/365 > 55

(41) 已知在 zgqk 表中存在字段 gzrq(工作日期,D)和 gzze(工资总额,N),为 zgqk 表建立索引,要求先根据 gzrq 排序,相同时再根据 gzze 排序,则索引表达式为________。

A. DTOC(gzrq,1) + SUB(gzze,1)

B. DTOC(gzrq) + STR(gzze)

C. DTOC(gzrq,1) + gzze

D. DTOC(gzrq,1) + STR(gzze)

(42) 假设 xs 表中有 10 条记录,其中字段 rxcj(入学成绩,N,3)小于 360 的记录有 3 条,大于等于 360 并且小于等于 410 的记录有 5 条,大于 410 的记录有 2 条。执行下面的程序后,屏幕显示的结果是________。

```
SET DELETE ON
DELETE FROM xs WHERE rxcj BETWEEN 360 AND 410
? RECCOUNT( )
```

A. 10　　B. 7　　C. 2　　D. 5

(43) 当前工资表中有 100 条记录,当前记录号为 10,用 SUM 命令计算工资总和时,若缺省[范围]短语,则系统将________。

A. 只计算当前记录的工资值　　B. 计算前 8 条记录的工资和

C. 计算后 8 条记录的工资和　　D. 计算全部记录的工资和

(44) 已打开的数据表文件中含有字段名为性别的字符型字段,下面 4 组命令中,________组可以找到第二个性别为男的记录。

A. LOCATE FOR 性别 = ″男″ /CONTINUE

B. LOCATE FOR 性别 = ″男″ NEXT 2

C. LOCATE FOR 性别 = ″男″

D. LOCATE FOR 性别 = ″男″ / LOCATE FOR 性别 = ″男″

(45) 下列说法不正确的是________。

A. Visual FoxPro 可以在内存开辟 32767 个工作区

B. 系统为每一个工作区规定了一个缺省别名,别名分别用字母 A ~ J,W11,W12,…表示

C. Visual FoxPro 启动后,默认 1 号工作区为当前工作区

D. 在任一时刻,只能对当前工作区的文件进行操作

(46) 以下关于工作区的说法不正确的是________。

A. 每个工作区中只能打开一个表文件,但能打开多个索引文件

B. Visual FoxPro 共有 32767 个工作区

C. SELECT 0 命令是选择未被使用的最小编号工作区为当前工作区

D. SELECT(1)返回当前工作区号

(47) 如果 var2 是当前表中的一个字段名,同时也是内存变量名,则执行________命令可以显示内存变量值。

A. ? var2　　B. ? M. var2

C. ? FIELD - var2　　D. LIST　M - var2

(48) 在下列有关 Visual FoxPro 表索引的叙述中,错误的是________。

A. 通过创建表的索引,不仅可以对记录数据进行排序,而且可以实现记录的筛选

B. 对于数据库表来说,可以创建 Visual FoxPro 系统支持的所有类型的索引

C. 在表打开时,系统会自动地将默认的第一个索引作为主控索引

D. 表的唯一索引并不能控制字段数据输入时的重复

(49) 设职工表 zg. DBF 的表结构如表 1-3-2 所示。

表 1-3-2　zg 表结构

字段名	类型	长度	含义
GH	C	6	工号
XM	C	8	姓名
GZRQ	D	8	工作日期
CSRQ	D	8	出生日期

DELETE FROM zg WHERE YEAR(DATE()) - YEAR(CSRQ) >= 60 语句的功能是________。

A. 从 zg 表中彻底删除年龄大于等于 60 岁的记录

B. zg 表中年龄大于等于 60 岁的记录被加上删除标记

C. 删除 zg 表

D. 删除 zg 表的年龄列

(50) 对于自由表而言,不允许有重复值的索引是________。

A. 主索引　　B. 候选索引　　C. 普通索引　　D. 唯一索引

2. 填空题

(1) 视频或音频对象可以连接或嵌入到表的________型字段中。

(2) 在 Visual FoxPro 中所谓自由表就是那些不属于任何________的表。

(3) 不带条件的 DELETE 命令(非 SQL 命令)将删除指定表的________记录。

(4) 已知 xs(学生)表的结构如表 1-3-3 所示。

表 1-3-3　xs 表结构

字段名	类型	长度	中文含义
xh	字符	12	学号
xm	字符	8	姓名
xb	字符	2	性别
csrq	日期	8	出生日期
zzmm	逻辑	1	政治面貌
jl	备注	4	个人简历

下列命令用来创建 xs 表的结构,请将它完善。

CREATE ________ xs (xh　C (12), xm　C (8), xb　C (2), csrq　D,;

________,jl　M)

(5) 执行以下命令后,系统可以设置________个字段接受 NULL 值,分别是________和________字段。

```
SET　NULL ON
CREATE TABLE zg( gh C(6) NOT　NULL,xm C(8),csrq D NULL)
```

(6) 若某表有 10 条记录,使用 LIST 命令时,其范围子句为 ALL 或 REST,则执行该命令后,RECNO( )的值为________。

(7) 在表的尾部增加一条空白记录的命令是________________。

(8) 将 xsda 表文件中的学号字段(xh, C(8))的宽度修改为 10,可执行命令 ALTER TABLE xsda ________ COLUMN xh　C(10)。

(9) 从 xs 表中删除 bj 字段用 SQL 命令______________________________。

(10) 执行下列命令:

```
CLOSE TABLES ALL
SELECT 0
USE xs　ALIAS stu
USE js　IN 0
```

函数 USED("js")的值是________,函数 SELECT( )的值是________,函数 ALIAS( )的值是________。

(11) 在 Visual FoxPro 中选择一个没有使用的、编号最小的工作区的命令是(关键字必须拼写完整)________。

(12) 使用 USE 命令可以打开或关闭表。如果 xs 表已经在第 1 号工作区中打开,则要在第 10 号工作区中再次打开 xs 表应使用命令

USE　xs ________ IN　10。

(13) 使用命令 CREATE TRIGGER ON　js FOR DELETE　AS ________,可以为 js 表设置删除触发器,以禁止删除该表的记录。

(14) 已知 xs 表按 xh 字段升序建立索引标识 xh,xs 表记录数据如表 1-3-4 所示。

表 1-3-4　xs 表记录

记录号	xh	xm	xb	csrq
1	160002	李一	男	11/12/99
2	160004	王二	男	09/10/98
3	160001	张小丽	女	12/11/98
4	160003	赵芳	男	10/12/99

依次执行下列命令后,屏幕上显示的结果为________。

```
USE xs  ORDER xh
GO TOP
SKIP
? RECNO( )
GO BOTTOM
?? RECNO( )
GO 3
?? RECNO( )
```

(15) 在 Visual FoxPro 中,使用 LOCATE　ALL　FOR <条件>时,若查不到记录,函数 FOUND( )的值为________,EOF( )的值为________。

(16) 计算机等级考试已录入完毕,缺考者的记录上均已打上删除标记

“ * ”。为计算参加考试的平均分，请对以下命令序列填空。

```
USE STUDENT
SET ________
AVERAGE ALL  成绩 TO AVG
```

（17）当打开的表为一个空表时，函数 BOF( )的值为________，EOF( )的值为________，RECNO( )的值为________。

（18）设有订单表 order（其中包括字段签订日期，D 型），删除 2015 年 1 月 1 日前签订的记录，正确的 SQL 命令是 DELELTE　FROM　order ____________。

（19）xs 表共有 10 条记录，运行以下程序，结果为________。

```
USE   xs
? RECNO( ), BOF( )
SKIP  -1
? RECNO( ), BOF( )
GO 4
? RECNO( )
SKIP
SKIP  -3
? RECNO( )
GO BOTTOM
? RECNO( ), EOF( )
SKIP
? RECNO( ), EOF( )
```

（20）利用 COPY TO abc SDF 命令可以将当前工作区中打开的表的数据复制到 abc 文件中，该 abc 文件的文件扩展名默认为________。

（21）已知教师表 js. DBF 的表结构如表 1-3-5 所示。

表 1-3-5　js 表结构

字段名	类型	长度	小数位	含义
gh	C	6		工号
xm	C	8		姓名
gl	N	2		工龄
jbgz	N	7	2	基本工资

若要求按下列条件更改基本工资(jbgz)：

工龄在 10 年以下(含 10 年)者基本工资加 400；

工龄在 10 年以上(不含 10 年)者基本工资加 600。

可用如下命令来完成：

UPDATE js ________ jbgz = IIF(________, jbgz + 400, jbgz + 600)

(22) 设职工表 zg. DBF 的表结构如表 1-3-6 所示。

表 1-3-6　zg 表结构

字段名	类型	长度	含义
GH	C	6	工号
XM	C	8	姓名
GZRQ	D	8	工作日期
CSRQ	D	8	出生日期

给职工表中工龄在 40 岁以上(不含 40 岁)的员工记录打上删除标记，可使用命令 Delete　From zg Where ____________________。

(23) 要彻底删除带有删除标记的记录，可以使用________命令，但这一命令的实施，必须要求表以________的方式打开。

(24) 在 xs 表中已建立以 xm(字符型)和 csrq(日期型)为字段表达式的索引，索引名分别为 xm 和 csrq，现需要先以 xm 为索引顺序，xm 相同时再以 csrq 为索引顺序，索引表达式为____________________。

(25) 二维表中能唯一确定记录的一列或多列的组合称为超关键字。若一个超关键字去掉其中任何一个列后不再能唯一确定记录，则称其为________。

(26) 执行下列命令后，js 表的打开方式是________，xs 表的打开方式是________。

```
SET   EXCLUSIVE OFF
USE js
USE xs EXCLUSIVE   IN   0
```

(27) 在多用户环境下，Visual FoxPro 系统以两种锁定方式提供缓冲，即开放式和________。

(28) 利用 COPY 命令可以将当前工作区中的表复制成分隔文件(一种 ASCII 文件)。若当前工作区中已打开 xs 表，则使用命令

COPY TO xyz ______________可以将 xs 表复制成文件 xyz. TXT。

(29) 若已经为在当前工作区中打开的表设置了主控索引，将记录指针移动到物理顺序的第一条记录，所用的命令为 GOTO 1，而将记录指针移动到逻辑顺序的首记录，所使用的命令为________。

(30) 打开一个表时，________索引文件将自动打开，表关闭时它将自动关闭。

(31) 在数据工作期窗口可以直接看到表的别名，而别名所对应的工作区号显示在______________。

(32) 若要实现多字段排序，即先按照班级(bj,N,1)顺序排序，同班同学再按出生日期(csrq,D)顺序排序，同班且出生日期也相同的再按性别(xb,C,2)顺序排序，其索引表达式为____。

(33) 用 SET FILTER TO 可以指定访问当前表中记录的范围，但此过滤条件对 DELETE - SQL，UPDATE - SQL，______________命令不起作用。

3. 简答题

(1) 简述记录操作中范围的形式及其作用域。

(2) 简述物理删除记录的过程，结合 Visual FoxPro 命令和 SQL 命令展开陈述。

(3) 简述索引文件的分类及其特征。

第 4 章　数据库设计与操作

4.1　知识纲要

1．数据库的设计与基本操作

（1）理解数据库的相关概念，了解数据库的管理对象，包括表、本地视图、远程视图、连接和存储器。

（2）掌握数据库的创建、打开、选择和关闭等操作的菜单方式。

（3）熟练掌握数据库表的不同创建方式。

（4）掌握从数据库添加表、移去表和删除表的相关操作及对应命令，注意 FREE TABLE 命令的作用。

2．数据库表的设计

（1）掌握数据库表的字段标题、注释、显示格式、输入掩码、默认类、默认值及字段有效性规则的设置，同时掌握使用 CREATE TABLE－SQL 命令的相关设置。

（2）掌握数据库表长表名、记录有效性规则及触发器的相关设置，掌握插入、更新、删除触发器激活条件的设置。

（3）理解数据库表和自由表的区别。

3．表间关联设计与实现

（1）理解关系类型及含义：一对一关系、一对多关系和多对多关系。

（2）熟练掌握表间永久关系的创建，仅针对一对一关系和一对多关系。

（3）理解完整性约束中参照完整性规则的含义，掌握“级联、限制和忽略”在实现关联表的更新、删除和插入的功能，尤其注意新增记录时仅可以设置“限制和忽略”。

（4）理解表之间临时关系的概念及其与永久关系的区别，掌握建立表间临时关系的相关操作。

4.2 实训习题

1. 选择题

(1) 在 Visual FoxPro 中创建数据库后，系统自动生成的 3 个文件的扩展名分别为________。

A. .PJX，.PJT，.PRG　　B. .DBC，.DCT，.DCX

C. .FPT，.FRX，.FXP　　D. .DBC，.SCT，.SCX

(2) 数据库(DATABASE)是许多相关的数据库表及其关系等对象的集合。下列关于 Visual FoxPro 数据库的叙述，错误的是________。

A. 可以用命令新建数据库

B. 数据库表之间创建“一对多”永久关系时，主表必须用主索引或候选索引

C. 从项目管理器中可以看出，数据库包含表、视图、查询、连接和存储过程

D. 创建数据库表之间的永久性关系，一般是在数据库设计器中进行

(3) Visual FoxPro 6.0 是一个________。

A. 8 位数据库管理系统　　B. 16 位数据库管理系统

C. 32 位数据库管理系统　　D. 64 位数据库管理系统

(4) 在数据库设计器中，建立两个表之间的一对多联系是通过________实现的。

A. “一方”表的主索引或候选索引，“多方”表的普通索引

B. “一方”表的主索引，“多方”表的普通索引或候选索引

C. “一方”表的普通索引，“多方”表的主索引或候选索引

D. “一方”表的普通索引，“多方”表的候选索引或普通索引

(5) 字段和记录的有效性规则值保存在________。

A. 表的索引文件中　　B. 表文件中

C. 项目文件中　　D. 数据库文件中

(6) 数据库表可以设置字段有效性规则，字段有效性规则属于域完整性范畴，其中的“规则”是一个________。

A. 逻辑表达式　　B. 字符表达式
C. 数值表达式　　D. 日期表达式

(7) 数据库表的字段扩展属性中,通过把________设置为 A,可以限制字段的内容仅为英文字母。

A. 字段格式　　B. 输入掩码
C. 字段标题和注释　　D. 字段级规则

(8) 如果一个数据库表的 DELETE 触发器设置为. F. ,则不允许对该表执行________操作。

A. 修改记录　B. 增加记录　C. 删除记录　D. 显示记录

(9) 数据库表的 INSERT 触发器,在________触发该规则。

A. 表中增加记录时　　B. 表中修改记录时
C. 表中删除记录时　　D. 表中浏览记录时

(10) 当数据库表移出数据库后,仍然有效的是________。

A. 字段的默认值　　B. 表的触发器
C. 结构化复合索引　　D. 记录的验证规则

(11) 在 Visual FoxPro 中,在数据库中创建表的 CREATE TABLE 命令中定义主索引,以实现实体完整性规则的短语是________。

A. FOREIGN KEY　　B. DEFAULT
C. PRIMARY KEY　　D. CHECK

(12) 当打开一个数据库时,其中的数据库表的状态是________。

A. 全部打开　　B. 全没打开
C. 最后一个表打开　　D. 第一个表打开

(13) 当成功执行以下一组命令后,下列说法不正确的是________。

```
OPEN DATABASE jxsj
OPEN DATABASE rada
```

A. 由于打开了第二个数据库 rada,而关闭了 jxsj 数据库
B. 当前数据库是 rada
C. 表达式 DBUSED("jxsj") 和 DBUSED("rada")的值为. T.
D. 当再执行 CLOSE DATABASES 命令后,jxsj 库没有被关闭

(14) 关系数据库中,实现主码标识元组的作用是通过________。

A. 实体完整性规则　　B. 参照完整性规则

C. 用户自定义的完整性　　D. 属性的值域

(15) 参照完整性的作用是控制________。

A. 字段数据的输入

B. 记录中相关字段之间的数据有效性

C. 表中数据的完整性

D. 相关表之间的数据一致性

(16) 以下关于自由表的叙述,正确的是________。

A. 全部是用以前版本的 FoxPro(FoxBase)建立的表

B. 可以用 Visual FoxPro 建立,但是不能把它添加到数据库中

C. 自由表可以添加到数据库中,数据库表也可以从数据库中移出成为自由表

D. 自由表可以添加到数据库中,但数据库表不能从数据库中移出成为自由表

(17) 如果一张表的字段级规则、记录级规则及更新触发器都与同一个字段有关,则在修改此字段的值后,________将先起作用。

A. 记录规则　　B. 更新触发器

C. 字段规则　　D. 不能确定

(18) 要控制两个表中数据的完整性和一致性可以设置“参照完整性”,要求这两个表________。

A. 是同一个数据库中的两个表

B. 不同数据库中的两个表

C. 两个自由表

D. 一个是数据库表,另一个是自由表

(19) 数据库表的参照完整性规则包括更新规则、删除规则和插入规则。其中,插入规则可以设置为________。

A. 级联,或限制,或忽略　　B. 级联,或忽略

C. 级联,或限制　　D. 限制,或忽略

(20) 表记录有效性验证规则是属于________数据类型的数据。

A. M　　B. L　　C. N　　D. C

（21）要控制用户在浏览窗口或表单输入数据时采取一定的形式，应该设置________。

A. 字段的显示格式　　B. 字段的输入掩码

C. 字段的注释　　D. 字段的有效性规则

（22）如果表已经存在，设置 cj 表的 cj 字段的有效性规则，以下命令正确的是________。

A. CREATE TABLE cj CHECK cj >=0 AND cj <=100

B. ALTER TABLE cj CHECK cj >=0 AND cj <=100

C. ALTER TABLE cj SET CHECK cj >=0 AND cj <=100

D. ALTER TABLE cj ALTER COLUMN cj SET CHECK cj >=0 AND; cj <=100

（23）触发器是绑定在表上的表达式，当表中的记录被指定的操作命令修改时，触发器被激活。Visual FoxPro 提供的触发器不包括________。

A. 删除触发器　　B. 级联触发器

C. 更新触发器　　D. 插入触发器

（24）如果一个数据库表的 INSERT 触发器设置为“. F. ”，则不允许对该表执行________操作。

A. 删除记录　　B. 更新记录　　C. 插入记录　　D. 查询记录

（25）有关表的触发器的说法，错误的是________。

A. 表的触发器实际是一个记录级事件代码

B. 触发器是绑定在表上的表达式

C. 触发器的检查发生在其他任何验证规则之前

D. 如果从数据库中移去一张表，则同时删除和该表相关联的触发器

（26）Visual FoxPro 参照完整性规则不包括________。

A. 更新规则　　B. 查询规则　　C. 删除规则　　D. 插入规则

（27）在关系数据库中，实现“表中任意两行不能相同”的约束是靠________来实现的。

A. 外部关键字　　B. 属性　　C. 主关键字　　D. 列

（28）在________情况下，需要设置表记录的有效性规则。

A. 要求某个字段的值必须在一定范围内

B. 限制对某些记录的更新

C. 比较两个以上的字段是否满足一定的条件

D. 同一字段不能出现重复值

(29) 下列关于关系模型的参照完整性规则的描述错误的是________。

A. 外部关键字和相应的主关键字需定义在相同的值域上

B. 外部关键字和相应的主关键字可以不同名

C. 参照关系模式和依赖关系可以是同一个关系模式

D. 外部关键字值不可以为空值

(30) 对数据库表设置参照完整性过程时,“更新规则”选择了“限制”选项后,则________。

A. 在更新父表的关键字的值时,新的关键字值更新子表中的所有相关记录

B. 在更新父表的关键字的值时,若子表中有相关记录则禁止更新

C. 在更新父表的关键字的值时,若子表中有相关记录则允许更新

D. 在更新父表的关键字的值时,不论子表中是否有相关记录

(31) 如果指定两个表的参照完整性的“删除规则”为“级联”,则当删除父表中的记录时 ________。

A. 系统自动备份父表中被删除记录到一个新表中

B. 若子表中有相关记录,则禁止删除父表中记录

C. 自动删除子表中所有相关记录

D. 不作参照完整性检查,删除父表记录与子表无关

(32) 子表中的外部关键字必须在父表中有相应的值,称为________。

A. 记录级有效性　　B. 字段级有效性

C. 参照完整性　　D. 主体完整性

(33) 在数据库 jxsj. DBC 中,要求显示 js 表的字段 gh 的标题属性值,则先打开数据库 jxsj 并设置为当前数据库,执行如下命令:

DBGETPROP(________,"FIELD","CAPTION")

A. js. gh　　B. "js. gh"　　C. gh　　D. "gh"

(34) ________操作将造成相关表之间数据的不一致。

A. 在主表中插入记录的主关键字的值是子表中所没有的

B. 在主表中删除了记录,而子表中没有删除相关记录

C. 在子表中删除了记录,而在主表中没有删除相关记录

D. 用主表的主关键字字段的值修改了子表中的一个记录

(35) 以下________操作不会损坏相关表之间的数据一致性。

A. 删除了子表中的记录而没有删除主表中的相关记录

B. 删除了主表中的记录而没有删除子表中的相关记录

C. 在子表中插入记录的外部关键字值是主表关键字中所没有的

D. 在主表中修改了主关键字值而没有同时修改子表中相关记录的外部关键字值

(36) 如果要在数据库的两个表之间建立一对一的永久性关系,则要求在父表中创建一个主索引或者候选索引,子表中建立一个________。

A. 唯一索引　　B. 主索引或者候选索引

C. 普通索引　　D. 主索引或者唯一索引

(37) 数据库表之间创建的永久性关系保存在________。

A. 数据库表中　　B. 数据环境设计器中

C. 表设计器中　　D. 数据库中

(38) cj(成绩)表和 xs(学生)表同属于数据库 jxsj,在 1 号工作区打开 cj 表,在 2 号工作区打开 xs 表,当前工作区是 2 号工作区。现在要引用 1 号工作区的 cj 表的 cj 字段,应该使用________表示。

A. jxsj. cj. cj　　B. jxsj -> 1-> cj

C. cj!cj　　D. jxsj!cj. cj

(39) 下列关于表之间的永久性关系和临时性关系的描述中,错误的是________。

A. 永久性关系只能建立于数据库表之间,而临时性关系可以建立于各种表之间

B. 表关闭之后临时性关系消失

C. 如果数据库表之间存在永久性关系,只要打开表,永久性关系就起作用

D. Visual FoxPro 中临时性关系不保存在数据库中

(40) 下列有关项目、数据库和表的叙述中,错误的是________。

A. 在一个项目中可以创建多个数据库，一个数据库也可以从属于多个项目

B. 在一个数据库中可以创建多个数据库表，一个数据库表也可以从属于多个数据库

C. 数据库表可以移出数据库成为自由表，自由表可以添加到数据库中成为数据库表

D. 用户既可以使用命令创建表，也可以使用表设计器创建表

（41）设计数据库时，可使用纽带表来处理表与表之间的________。

A. 多对多关系　　B. 临时性关系

C. 永久性关系　　D. 继承关系

（42）关于数据库的操作，下列叙述中正确的是________。

A. 数据库被删除后，它包含的数据库表也随之被删除

B. 打开了新的数据库，则原先打开的数据库将被关闭

C. 数据库被关闭后，它所包含的已打开的数据库表被关闭

D. 数据库被删除后，它所包含的表可以自动地变成自由表

（43）Visual FoxPro 的“参照完整性”中“插入规则”包括的选择是________。

A. 级联和忽略　　B. 级联和删除

C. 级联和限制　　D. 限制和忽略

（44）表之间的“临时性关系”，是在两个打开的表之间建立的关系。如果两个表中有一个被关闭，则该“临时性关系”________。

A. 消失　　B. 永久保留

C. 转化为永久性关系　　D. 临时保留

（45）建立两张表之间的临时性关系时，必须设置的是________。

A. 主表的主索引

B. 主表的主索引和子表的主控索引

C. 子表的主控索引

D. 主表的主控索引和子表的主控索引

2. 填空题

（1）数据库是一种数据容器。从项目管理器窗口看，数据库可以包含的子

项有:表、________、远程视图、连接和存储过程。

(2) 假定有三个数据库文件:mydata1,mydata2,mydata3,它们分别存放在C盘的DATA目录,D盘的DATA目录,A盘的DATA目录,完善下列程序,使得程序执行以后,DBC()函数的值为D:\data\mydata2.DBC。

```
OPEN DATABASE C:\DATA\mydata1
OPEN DATABASE D:\DATA\mydata2
OPEN DATABASE A:\DATA\mydata3

________________________________

? DBC()
```

(3) 数据库表和数据库之间的相关性是通过表文件和库文件之间的双向链接实现的。双向链接包括前链和后链。其中,________是保存在数据库文件中的有关表文件的路径和文件名信息,________是保存在表头中的拥有该表的数据库文件的路径和库文件名信息。

(4) 为xs表的xb字段(C,2)设置要求是只能是男或者是女,则该字段的验证规则应为____________________。

(5) 如需要为xs表的cj字段(N型)设置字段验证规则为应在0和100之间,则对应的命令为:

```
________ TABLE xs  ALTER COLUMN cj ______________;
(cj>=0 AND cj<=100)
```

(6) 在xs表中设计学号(xh)的删除条件为开头2位只能在“11”至“15”之间,则应在________触发器中输入________________。

(7) 要切断数据库表与数据库之间的后链,可以使用________命令。

(8) 某公司商品数据库中包含供应商表和商品表,表结构如表1-4-1所示。

表 1-4-1　供货商表和商品表的结构

供货商表的表结构			商品表的表结构		
字段名	数据类型	宽度	字段名	数据类型	宽度
供应商 ID	N	8	产品 ID	N	8
公司名称	C	40	产品名称	C	40
联系人	C	30	供应商 ID	N	8

续表

字段名	数据类型	宽度	字段名	数据类型	宽度
地址	C	60	类别	C	20
城市	C	10	单位数量	N	6
邮政编码	C	6	单价	N	7,2
电话	C	24	库存量	N	8

商品表的主关键字是“产品 ID”，供应商表的主关键字是“供应商 ID”，这两个表存在一对多关系，且所有的商品都是来自已知的供应商。其中主表是供应商表。如果要在这两个表之间建立永久关系，则应在主表中以________字段为索引关键字建立主索引，在子表中以________字段为索引关键字建立普通索引。

以上两个表的部分记录见表 1-4-2 和表 1-4-3。建立的参照完整性规则为：更新级联、删除限制、插入限制。就表中已知的数据而言，如果把供应商表中记录号为 125 的记录的“供应商 ID”字段值更改为 2037，则商品表中会有________条记录被更改。

表 1-4-2　供货商表部分记录

记录号	供应商 ID	公司名称	联系人	地址	城市	邮政编码	电话
125	2034	佳佳乐	陈小姐	西大街 10 号	北京	100023	(010)65552222
126	3028	富康食品	黄小姐	幸福街 90 号	北京	100045	(010)65554822
127	3475	福满多	胡先生	前进街 22 号	福建	848100	(0544)5603237

表 1-4-3　商品表部分记录

记录号	产品 ID	产品名称	供应商 ID	类别	单位数量	单价	库存量
356	11	苹果汁	2034	饮料	每箱 24 瓶	18.00	96
357	20	牛奶	2034	饮料	每箱 24 瓶	19.00	4
358	23	番茄酱	3475	调味品	每箱 12 瓶	10.00	120
359	34	麻油	3028	调味品	每箱 12 瓶	21.30	36
360	39	海苔酱	3028	调味品	每箱 24 瓶	21.05	33
361	46	肉松	3028	调味品	每箱 24 瓶	17.00	58
362	50	龙虾	3475	海鲜	每袋 500 克	6.00	308

（9）已知某数据库中有学生表和成绩表，且两表之间已经建立了参照完整性（学生表为主表，成绩表为子表）。如果将学生表中某位学生的记录删除，要求该学生在成绩表中的所有成绩记录自动删除，则两表之间的参照完整性的________应设置为________。

（10）若当前数据库中有一个名为 xs 的表，则利用函数设置该表注释设置为“学生基本情况表”的命令为：

DBSETPROP("xs", ________ ,"COMMENT","学生基本情况表")

（11）若当前数据库中有一个名为 xs 的表，则利用函数设置该 xs 表 xh 字段的属性值的命令是：

DBSETPROP("________", " FIELD" ,"COMMENT",;
"学号唯一标识一个学生")

（12）当要求在输入数据时，只允许输入数字、空格和正负号，则输入的掩码应为________。

（13）在对表进行操作时，可以使用命令进行记录的定位。例如，使用 LOCATE FOR 命令进行记录的条件定位，使用 GOTO 命令进行记录的绝对定位，使用________命令进行记录的相对定位。

（14）在实际应用中，通常需要针对具有一对多关系的两个数据库表创建永久性关系。在这种情况下，需要针对相关字段在主表中创建主索引或候选索引，子表中创建________索引。

（15）触发器制定一个规则，这个规则是一个________表达式。当命令或事件发生后，将自动触发相关触发器的执行，计算该表达式的值，如果表达式的返回值为________，将不执行该命令或者事件。

（16）假设图书管理数据库中有 3 个表：图书. dbf、读者. dbf 和借阅. dbf。它们的结构分别如下：

图书（总编号 C(6)，分类号 C(8)，书名 C(16)，出版单位 C(20)，单价 N(6,2)）

读者（借书证号 C(4)，单位 C(8)，姓名 C(6)，性别 C(2)，职称 C(6)，地址 C(20)）

借阅（借书证号 C(4)，总编号 C(6)，借书日期 D(8)）

在上述图书管理数据库中，图书的主索引是总编号，读者的主索引是借书证号,借阅的主索引应该是________________。

(17) 在 Visual FoxPro 中,________是保存在数据库中的过程代码,它由一系列用户自定义函数(过程)或创建表之间参照完整性规则时系统创建的函数(过程)组成。

(18) 不允许子表增加记录后出现“孤立记录”,则参照完整性的________规则应该设置为________。

(19) 查看 xs 表中主关键字的标识名,所用的命令是:________________。

(20) 建立临时性关系时,当前工作区是在________工作区。在构建临时关系后,当父表的记录指针移动后,子表的记录指针也将移动到与其关键字值相同的记录上,如果子表找不到相匹配的记录,子表记录指针将____________。

3. 简答题

(1) 简述自由表与数据库表的区别。

(2) 简述关系的类型,以及在 Visual FoxPro 软件环境下可以直接实现的关系类型。

(3) 简述永久性关系与临时性关系的区别。

第5章　查询与视图设计

5.1　知识纲要

（1）理解查询的概念。

（2）掌握多种进入查询设计器建立查询的方式。

（3）掌握修改查询的命令：MODIFY COMMOND <查询文件名>. QPR。

（4）掌握运行查询的多种方法。当使用命令 DO <查询文件名>. QPR 运行查询时，其扩展名. QPR 不能省。

（5）掌握用查询设计器创建查询的方法，理解查询设计器中字段、筛选、排序、分组等选项卡的含义，并掌握其设置方法。

（6）掌握在查询设计器中添加表或视图的方式。注意添加三个及三个以上表时的添加顺序。

（7）掌握在查询设计器中添加表达式形成新的数据列的方式。

（8）理解多表查询中表之间联接的概念和类型，掌握联接类型的设置（一般默认为内联接）。

（9）掌握查询设计器中筛选条件中的各种比较符号的使用，包括 =，LIKE，==，>，>=，<，<=，IS NULL，BETWEEN，IN。

（10）掌握查询设计器中排序依据的设计。该项中可以使用在查询输出列中的所有字段和表达式。各个排序表达式可以分别指定升、降序，默认为升序。

（11）掌握查询设计器中分组依据的设计。分组字段可以不出现在查询结果中。

（12）掌握查询设计器中杂项的设计。

（13）熟练掌握查询设计器中查询结果去向的各种设置方法。

（14）熟练掌握 SQL – SELECT 命令的使用方法。

```
SELECT [ ALL | [表名.] * ] [ DISTINCT ][TOP n [PERCENT]];
 [表名.] 字段名1|表达式 [AS 标题],;
 [表名.字段名2 |表达式 AS 标题…];
 FROM [ <数据库名>!] <主表名>;
 < INNER| LEFT|RIGHT|FULL >JOIN <联接子表名>ON <联接条件表达式>;
 [WHERE <条件表达式>[AND|OR <条件表达式>…]];
 [GROUP BY <字段1> [,<字段2>…]|N [HAVING <条件表达式>]];
 [ORDER BY <字段1> [ASC|DESCEND][,<字段2>|N [ASC|DESCEND]…]];
 [TO SCREEN |INTO CURSOR <临时表名> |;
 INTO TABLE <表名> |INTO ARRAY <数组名>|TO FILE <文本文件名>[ADDITIVE ];
 | TO PRINTER [PROMPT] ]
```

ALL 子句及[表名.] 字段名1|表达式 [AS 标题]子句:输出数据项,该子项表示查询输出的数据列的组成情况及查询输出包含的特定数目的行数(或百分比 PERCENT)。该子句组成情况复杂,变化多样,可以是字段、常量、表达式等,通常使用常用的聚合函数来实现(包括 SUM( )、AVG( )、COUNT( )、MAX( )、MIN( )等)。注意:SUM( )与 AVG( )函数的操作是针对数值列;SUM ( )与 IIF( )函数组合使用的方式;注意 COUNT( )函数是对整条记录计数,在实际题目中描述为学生人数、选课人数、选课门数等,具体由分组字段的意义决定。

FROM <数据库名>! <主表名>子句:确定数据来源,数据源可以是表或视图;有多个表时注意表之间的联接条件。

WHERE <条件表达式>子句:指定筛选条件,是对原表中的数据进行筛选。注意:SELECT 不遵守用 SET FILTER 指定的筛选条件。此外,<条件表达式>筛选条件可以包含“子查询”。

GROUP BY 子句:数据分组。一般来说,输出项中有 SUM( )、AVG( )、MAX( )、MIN( )、COUNT( )等函数时,相应地就会有数据分组项。在此项中还可以用 HAVING 对最终查询结果中的数据进行输出的筛选。注意其与 WHERE 子句功能的区别。

ORDER BY 子句:数据排序。可以有多个排序依据,根据排序的优先级依次列出数据项即可。

TO SCREEN 等子句:数据去向,省略时默认输出到浏览窗口;注意输出到不同文件时所使用的关键词。

(15) 熟练掌握查询设计器界面的各选项卡与 SQL - SELECT 语句的各短语之间的对应关系。

(16) 了解视图的概念和分类,了解 ODBC 的概念。注意视图不是独立文件,不能离开数据库存在,其内容保存在数据库文件. DBC 中。

(17) 理解查询与视图的区别。查询的结果不能修改,视图的结果可以修改并将修改返回到数据源表中。

(18) 掌握使用视图设计器设计视图的方法并学会使用视图。

5.2 实训习题

1. 选择题

(1) 在 Visual FoxPro 中,查询文件的扩展名为________。

A. . qpr　　B. . fmt　　C. . fpt　　D. . lbt

(2) 下列关于查询的说法,不正确的是________。

A. 查询是 Visual FoxPro 支持的一种数据对象

B. 查询就是预先定义好的一个 SQL - SELECT 语句

C. 查询是从指定的表或视图中提取满足条件的记录,然后按照想得到的输出类型定向输出查询结果

D. 查询就是查询,它与 SQL - SELECT 语句无关

(3) 打开查询设计器的命令是________。

A. OPEN QUERY　　B. OPEN VIEW

C. CREATE QUERY　　D. CREATE VIEW

(4) 下列利用项目管理器新建查询的操作中,正确的一项是________。

A. 打开项目管理器,选定“数据”选项卡,选定“查询”,单击“新建”按钮

B. 打开项目管理器,选定“数据”选项卡,选定“查询”,单击“运行”按钮

C. 打开项目管理器,选定“文档”选项卡,选定“查询”,单击“新建”按钮

D. 打开项目管理器,选定“代码”选项卡,选定“查询”,单击“新建”按钮

(5) 查询设计器中的选项卡依次为________。

A. 字段、联接、筛选、排序依据、分组依据

B. 字段、联接、排序依据、分组依据、杂项

C. 字段、联接、筛选、排序依据、分组依据、更新条件、杂项

D. 字段、联接、筛选、排序依据、分组依据、杂项

(6) 在 Visual FoxPro 中,查询设计器中的选项卡与________语句相对应。

A. SQL - SELECT　　B. SQL - ALTER

C. SQL - UPDATE　　D. SQL - DROP

(7) SQL - SELECT 语句中的 GROUP BY 和 HAVING 短语对应查询设计器上的________选项卡。

A. 字段　　B. 联接　　C. 分组依据　　D. 排序依据

(8) 在查询设计器中,选定“杂项”选项卡中的“无重复记录”复选框,与执行 SQL - SELECT 语句中的________等效。

A. WHERE　　B. JOIN ON　　C. ORDER BY　　D. DISTINCT

(9) 在 SQL - SELECT 查询中,为了使查询结果排序必须使用短语________。

A. ASC　　B. DESC

C. ORDER BY　　D. GROUP BY

(10) 在查询设计器的“字段”选项卡中设置字段时,如果将“选定字段”框中的所有字段一次移到“可用字段”框中,可单击________按钮。

A. 添加　　B. 全部添加　　C. 移去　　D. 全部移去

(11) 下列运行查询的方法中,不正确的一项是________。

A. 打开项目管理器中的“数据”选项卡,选择要运行的查询,单击“运行”按钮

B. 单击“查询”菜单中的“运行查询”命令

C. 按快捷键 Ctrl + D

D. 执行 DO <查询文件名>. QPR

（12）查询设计器中的“筛选”选项卡用来________。

A. 编辑联接条件

B. 指定查询条件

C. 指定排序属性

D. 指定是否要重复记录及列在前面的记录等

（13）在查询设计器中可以定义的“查询去向”有________。

A. 浏览、临时表、表、图形、屏幕、报表、标签

B. 浏览、临时表、表、图形、屏幕、报表、视图

C. 浏览、临时表、表、图形、屏幕、标签

D. 浏览、临时表、表、图形、报表、标签

（14）在 Visual FoxPro 中，当一个查询基于多个表时，要求表之间________。

A. 不需要有联系

B. 必须是有联系的

C. 一定不要有联系

D. 可以有联系也可以没联系

（15）在 Visual FoxPro 中，完全联接是指________。

A. 只有满足联接条件的记录出现在查询结果中

B. 除满足联接条件的记录出现在查询结果中外，第一个表中不满足联接条件的记录也出现在查询结果中

C. 除满足联接条件的记录出现在查询结果中外，第二个表中不满足联接条件的记录也出现在查询结果中

D. 除满足联接条件的记录出现在查询结果中外，两个表中不满足联接条件的记录也出现在查询结果中

（16）在 SQL - SELECT 语句中，为了将查询结果存储到临时表应该使用短语________。

A. TO CURSOR　　B. INTO CURSOR

C. INTO DBF　　D. TO DBF

（17）在 SELECT 语句中，使用 MAX（列名）时，对“列名”的数据类型的描述，正确的是________。

A. “列名”的数据类型必须是数值型

B. “列名”的数据类型必须是数值型或字符型

C. “列名”的数据类型不受限制

D. “列名”的数据类型不能是通用型和备注型

（18）SELECT 语句中的 TOP 短语必须要与下列________短语同时使用才有效。

A. ORDER BY　　B. GROUP BY

C. WHERE　　D. HAVING

（19）下面关于查询的叙述错误的是________。

A. 查询设计器的结果是将查询以.QPR 为扩展名的文件形式保存在磁盘上

B. 查询文件是一种表文件

C. 可以用 DO 命令执行一个查询

D. 可以用 CREATE QUERY 命令打开查询设计器建立查询

（20）下面关于查询的描述正确的是________。

A. 不能根据自由表建立查询

B. 只能根据自由表建立查询

C. 只能根据数据库表建立查询

D. 可以根据数据库表和自由表建立查询

（21）查询文件中保存的是________。

A. 查询的命令　　B. 查询的结果

C. 与查询有关的基表　　D. 查询的条件

（22）在 SQL 的 SELECT 查询结果中，消除重复记录的方法是________。

A. 通过指定主关键字　　B. 通过指定唯一索引

C. 使用 DISTINCT 子句　　D. 使用 HAVING 子句

（23）在 SQL－SELECT 中，“HAVING <条件表达式>”用来筛选满足条件的________。

A. 列　　B. 行　　C. 关系　　D. 分组

（24）下面关于利用查询设计器设计查询的叙述中错误的是________。

A. 在设计多表查询时通常需要设置两个表之间的联接类型，默认类型为内联接

B. 在选择一个排序字段时，系统默认的排序方式为升序

C. 在“杂项”中设置查询结果的记录范围时，可以选择前 n 条记录或最后 n 条记录

D. 在设置分组时所选的分组字段可以不是查询输出字段

（25）下列说法正确的是________。

A. 视图文件的扩展名为. VCX

B. 查询文件中保存的是查询的结果

C. 查询设计器实质上是 SELECT - SQL 命令的可视化设计方法

D. 查询是基于表的并且可以更新的数据集合

（26）若 SELECT 语句中的 ORDER BY 短语中指定了多个字段，则________。

A. 依次按自右至左的字段顺序排序

B. 只按第一个字段排序

C. 依次按自左至右的字段顺序排序

D. 无法排序

（27）SQL 语言的查询语句是________。

A. INSERT　　B. UPDATE　　C. DELETE　　D. SELECT

（28）在 SQL - SELECT 语句中与 INTO TABLE 等价的短语是________。

A. INTO DBF　　B. TO TABLE　　C. INTO FORM　D. INTO FILE

（29）下面有关 SELECT 输出结果短语的叙述中错误的是________。

A. SELECT 短语中可以使用别名

B. SELECT 短语中只能包含表中的列及其构成的表达式

C. SELECT 短语规定了结果集中列的顺序

D. 如果 FROM 短语引用的两个表有同名的列，则 SELECT 短语引用它们时必须使用表名前缀加以限定

（30）在 SELECT 语句中，下面有关 HAVING 短语的正确叙述是________。

A. HAVING 短语必须与 GROUP BY 短语同时使用

B. 使用 HAVING 短语的同时不能使用 WHERE 短语

C. HAVING 短语可以在任意的一个位置出现

D. HAVING 短语与 WHERE 短语功能相同

(31) 设当前工作目录(文件夹)中有一个表文件 xx. DBF,该表含有多条记录。下述 SELECT - SQL 命令中,语法错误的是________。

A. SELECT * FROM xx INTO ARRAY temp

B. SELECT * FROM xx INTO CURSOR temp

C. SELECT * FROM xx INTO TABLE temp

D. SELECT * FROM xx INTO FILE temp

(32) 查询客户名称中有"网络"二字的客户信息的正确 SQL 命令是________。

A. SELECT * FROM 客户 FOR 名称 LIKE "%网络%"

B. SELECT * FROM 客户 FOR 名称 = "%网络%"

C. SELECT * FROM 客户 WHERE 名称 = "%网络%"

D. SELECT * FROM 客户 WHERE 名称 LIKE "%网络%"

(33) 设当前工作目录(文件夹)中有一个表文件 abc. DBF,该表仅有两个字段(字段名分别为 xx 和 yy,字段类型均为字符型,宽度均为 10),且含有多条记录。下列 SELECT - SQL 命令中,语法错误的是________。

A. SELECT 1,2,3 FROM abc ORDER BY 3

B. SELECT xx,COUNT(yy) FROM abc GROUP BY yy

C. SELECT xx,SUM(yy) FROM abc GROUP BY xx;
ODRER BY 2

D. SELECT xx + yy, xx - yy FROM abc TO PRINTER

(34) 下面与 SELECT * FROM 杯子 WHERE 单价 BETWEEN 3.50 AND 18.50 等价的语句是________。

A. SELECT * FROM 杯子 WHERE 单价 <= 18.50 .AND. ;
单价 >= 3.50

B. SELECT * FROM 杯子 WHERE 单价 < 18.50 .AND. 单价 > 3.50

C. SELECT * FROM 杯子 WHERE 单价 >= 18.50 .AND. ;
单价 <= 3.50

D. SELECT * FROM 杯子 WHERE 单价 >18.50 .AND. 单价 <3.50

（35）查询第一作者为“张三”的所有书名及出版社，正确的 SQL 语句是________。

A. SELECT 书名，出版社 FROM 图书 WHERE 第一作者 = 张三

B. SELECT 书名，出版社 FROM 图书 WHERE 第一作者 = "张三"

C. SELECT 书名，出版社 FROM 图书 WHERE "第一作者" = 张三

D. SELECT 书名，出版社 FROM 图书 WHERE "第一作者" = "张三"

（36）查询2017年的退休人员的职工号（C，6）和退休日期（D，8），正确的 SQL 语句是________。

A. SELECT 职工号，退休日期 FROM 退休 WHERE；
YEAR（退休日期）=2017

B. SELECT 职工号，退休日期 FROM 退休 WHERE；
退休日期 =2017

C. SELECT 职工号，退休日期 FROM 退休 WHERE；
退休日期 = YEAR（2017）

D. SELECT 职工号，退休日期 FROM 退休 WHERE；
year（退休日期）= YEAR（2017）

（37）设有学生选课表 sc（学号，课程号，成绩），用 SQL 命令检索同时选修了课程号为“C1”和“C5”课程的学生学号，正确的命令是________。

A. SELECT 学号 FROM sc WHERE 课程号 = 'C1' AND；
课程号 = 'C5'

B. SELECT 学号 FROM sc WHERE 课程号 = 'C1' AND；
课程号 =（ SELECT 课程号 FROM sc WHERE 课程号 = 'C5'）

C. SELECT 学号 FROM sc WHERE 课程号 = 'C1' AND；
学号 =（ SELECT 学号 FROM sc WHERE 课程号 = 'C5'）

D. SELECT 学号 FROM sc WHERE 课程号 = 'C1' AND；
学号 IN（ SELECT 学号 FROM sc WHERE 课程号 = 'C5'）

（38）~（40）题基于学生表 s、学生选课表 sc 及课程表 kc 三个数据库表，它们的结构如下：

s（学生）：学号（C，8），姓名（C，6），性别（C，2），出生日期 D，院系（C，6）

sc(选课):学号(C,8),课程号(C,3),成绩(N,3)(初始为空值)

kc(课程表):课程号 (C,3),课程名(C,6),学时(N,6)

(38) 检索还未确定成绩的学生选课信息,正确的 SQL 命令是________。

A. SELECT s.学号,姓名,sc.课程号 FROM s JOIN sc;
WHERE s.学号=sc.学号 AND sc.成绩 IS NULL

B. SELECT s.学号,姓名,sc.课程号 FROM s JOIN sc;
WHERE s.学号=sc.学号 AND sc.成绩=NULL

C. SELECT s.学号,姓名,sc.课程号 FROM s JOIN sc ON;
s.学号=sc.学号 WHERE sc.成绩 IS NULL

D. SELECT s.学号,姓名,sc.课程号 FROM s JOIN sc ON;
s.学号=sc.学号 WHERE sc.成绩=NULL

(39) 假设所有的选课成绩都已确定。显示"101"号课程成绩中最高的10%记录信息,正确的 SQL 命令是________。

A. SELECT * TOP 10 FROM sc ORDER BY 成绩 WHERE;
课程号="101"

B. SELECT * PERCENT 10 FROM sc ORDER BY 成绩 DESC;
WHERE 课程号="101"

C. SELECT * TOP 10 PERCENT FROM sc ORDER BY 成绩;
WHERE 课程号="101"

D. SELECT * TOP 10 PERCENT FROM sc ORDER BY 成绩;
DESC WHERE 课程号="101"

(40) 查询选修课程在5门以上(含5门)的学生的学号、姓名和平均成绩,并按平均成绩降序排序,正确的命令是________。

A. SELECT s.学号,姓名,平均成绩 FROM s,sc;
WHERE s.学号=sc.学号 GROUP BY s.学号 HAVING;
COUNT(*) >=5 ORDER BY 平均成绩 DESC

B. SELECT 学号,姓名,AVG(成绩) FROM s,sc;
WHERE s.学号=sc.学号 AND COUNT(*)>=5;
GROUP BY 学号 ORDER BY 3 DESC

C. SELECT s.学号,姓名,AVG(成绩) 平均成绩 FROM s,sc;

WHERE s. 学号=sc. 学号 AND COUNT(*)>=5;

GROUP BY s. 学号 ORDER BY 平均成绩 DESC

D. SELECT s. 学号,姓名,AVG(成绩) AS 平均成绩 FROM s,sc;

WHERE s. 学号=sc. 学号 GROUP BY s. 学号 HAVING;

COUNT(*)>=5 ORDER BY 3 DESC

（41）视图是一种存储在数据库中的特殊表，当它被打开时，对于本地视图而言，系统将同时在其他工作区中把视图所基于的基表打开，这是因为视图包含一条________语句。

A. SELECT-SQL　　B. USE

C. LOCATE　　D. SET FILTER TO

（42）使用当前数据库中的数据库表建立的视图与使用当前数据库之外的数据源中的表创建的视图分别是________。

A. 本地视图，本地视图　　B. 远程视图，本地视图

C. 本地视图，远程视图　　D. 远程视图，远程视图

（43）在 Visual FoxPro 中，视图设计器上的选项卡包括________。

A. 字段、联接、筛选、排序依据、分组依据

B. 字段、联接、筛选、排序依据、更新条件、杂项

C. 字段、联接、筛选、排序依据、分组依据、更新条件、杂项

D. 字段、联接、筛选、排序依据、分组依据、更新条件

（44）下面关于视图的描述中不正确的是________。

A. 视图中可以保存数据

B. 视图既可以访问本地数据源，又可以访问远程数据源

C. 视图只能从属于某一个数据库

D. 对视图的操作最终都转换为对源数据表的操作

（45）以下关于视图的描述中，正确的是________。

A. 视图结构可以使用 MODIFY STRUCTURE 命令来修改

B. 视图不能同数据库表进行联接操作

C. 视图不能进行更新操作

D. 视图是从一个或多个数据表中导出的虚拟表

（46）视图与基表的关系是________。

A. 视图随基表的打开而打开

B. 基表随视图的关闭而关闭

C. 基表随视图的打开而打开

D. 视图随基表的关闭而关闭

(47) 不可以作为查询与视图的数据源的是________。

A. 自由表　　B. 数据库表　　C. 查询　　D. 视图

(48) 在下列有关查询和视图的叙述中,错误的是________。

A. 利用查询设计器创建的查询文件,文件中包含一条 SELECT - SQL 语句

B. 查询文件是一个文本文件,用户可以利用文本编辑软件对其修改

C. 在默认情况下查询去向为 Visual FoxPro 主窗口,通过设置可以使查询结果以浏览窗口方式显示

D. 视图不以独立的文件保存,其定义保存在数据库中

(49) 下列有关查询与视图的叙述中,错误的是________。

A. 用查询设计器创建的查询文件,可以利用 Windows 中的“记事本”程序对其进行编辑修改

B. 基于两个表创建查询时,这两个表必须是数据库表,且表之间已创建永久性关系

C. 利用 DO 命令运行查询文件时,必须给出查询文件的扩展名

D. 无论是创建本地视图,还是创建远程视图,都不会产生新的文件

(50) 对于查询和视图的叙述,正确的是________。

A. 都保存在数据库中

B. 都可以用 USE 命令打开

C. 都可以更新基表

D. 都可以作为列表框对象的数据源

2. 填空题

(1) 在 Visual FoxPro 中,联接类型有________、左联接、________和完全联接。

(2) 在关系数据库中,视图依赖于________,但不独立存在。

(3) 在 Visual FoxPro 中,视图具有________和________的功能。

（4）在 Visual FoxPro 中，查询是指从指定的________或________查找满足条件的记录。

（5）SQL 的中文含义是________________。

（6）在 SELECT - SQL 语句中，DISTINCT 子句的作用是________________，INTO CURSOR 子句的作用是____________________，INTO TABLE 选项的作用是__________________，GROUP 子句的作用是__________________，HAVING 子句的作用是__________________，ORDER 子句的作用是_________________。

（7）查询设计器界面的各选项卡和 SQL - SELECT 语句的各短语是相对应的。其中“添加表和视图”这项操作对应于________短语，“字段”选项卡对应于________短语，“联接”选项卡对应于________短语，“筛选”选项卡对应于________短语，“排序依据”选项卡对应于________短语，“分组依据”选项卡对应于________短语和________短语，“杂项”选项卡对应于________短语和________短语等。

（8）在 SQL 语句中，与表达式“仓库号 NOT IN('wh1','wh2')”功能相同的表达式是____________________。

（9）~（14）题中使用教学管理数据库，jxk（教学库）中含有如下表：

xs（学生表）：学号（xh（C,6）），姓名（xm（C,6）），性别（xb（C,2）），
班级编号（bjbh（C,6）），出生日期（csrq（D）），
籍贯（jg（C,20）），照片（zp（G））

cj（成绩表）：学号（xh（C,6）），课程代号（kcdh（C,6）），
成绩（cj（N,3,0））

js（教师表）：工号（gh（C,6）），姓名（xm（C,6）），性别（xb（C,2）），
系名（ximing（C,18）），职称（zc（C,6）），
工资（jbgz（N,8,2）），出生日期（csrq（D））

（9）根据学生表 xs，查询所有女同学的信息及年龄，并按年龄进行降序排列，生成新的表 ws，完成下列 SELECT 语句：

```
SELECT xs. * , ________________________ AS  年龄;
    FROM xs WHERE xb ="女" ORDER BY  年龄 DESC;
    ____________________
```

（10）显示 js 表（教师表）中各系的教师的人数、基本工资的平均值、最高值

和最低值，结果按平均值从高到低排序，补充完成下列 SELECT 语句：

```
SELECT ximing,________ AS 人数,________ AS 平均工资,;
________ AS 最高值,MIN(jbgz) AS 最低值;
    FROM js GROUP BY ximing ORDER BY 3 DESC
```

（11）下列 SQL 命令用来查询每个班级的男、女生人数。补充完成下列 SELECT 语句：

```
SELECT bjbh,SUM(IIF(xb ="男",1,________)) AS 男生人数,;
    SUM(IIF(xb ='女',1,________)) AS 女生人数;
    FROM xs;
    GROUP BY 1
```

（12）根据学生表查询所有 1982 年 3 月 20 日以后（含）出生、性别为男的学生，补充完成下列 SELECT 语句：

```
SELECT * FROM xs WHERE ____________________
```

（13）在教师表（js. DBF）中，工号字段为 js 表的主键（即以 gh 为表达式创建了主索引）。使用下列 SQL 命令，可以查询各种职称的教师人数、平均年龄，且将查询结果输出到文本文件 abc 中（注：年龄为当前年份与出生日期字段值中的年份之差）。

```
SELECT  js.zc,COUNT(*) AS 人数,__________ AS 平均年龄;
    FROM js;
    GROUP BY ________;
    ________ abc.txt
```

（14）根据成绩表，要求完善以下 SQL 命令，使得可以查询有两门或两门以上课程不及格（成绩小于 60）的学生情况，查询输出包括学号、考试课程数、不及格课程数。

```
SELECT cj.xh AS 学号,____________ AS 考试课程数,;
    SUM(________________) AS 不及格课程数;
    FROM cj;
    GROUP BY cj.xh ________ 不及格课程数>=2
```

（15）~（16）题中使用 ts（图书表）：编号 C(10)，分类号 C(10)，书名 C(8)，出版单位 C(20)，作者 C(8)，单价 N(7,2)，馆藏册数 N(4)

（15）根据上述图书表，查询该图书资料室各出版单位出版图书的馆藏总册数、总金额、平均单价，完善下列语句：

SELECT　出版单位，SUM（馆藏册数）　AS　馆藏总册数，；

________________ AS　总金额，____________ AS　平均单价；

FROM　图书馆!ts；

GROUP BY　出版单位

（16）统计图书馆中各类图书中馆藏最少的 10 本书的分类号、书名、出版单位及数量，完善下列语句：

SELECT ____________ ts. 分类号，ts.书名，ts. 出版单位，COUNT（*）；

AS 数量；

FROM ts；

______________；

____

3. 扩充思考题和简答题

（1）检索有职工的工资大于或等于‘WH1’仓库中所有职工工资的仓库号，正确的命令是________。

A. SELECT DISTINCT 仓库号 FROM　职工表　WHERE 工资 >= ANY；
（SELECT MAX（工资）FROM　职工表　WHERE；
仓库号 = 'WH1'）

B. SELECT　DISTINCT 仓库号 FROM　职工表 WHERE；
工资 >= ANY（SELECT 工资 FROM 职工表 WHERE 仓库号；
= 'WH1'）

C. SELECT　DISTINCT 仓库号 FROM　职工表 WHERE 工资 >= ALL；
（SELECT 工资 FROM 职工表 WHERE 仓库号 = 'WH1'）

D. SELECT　DISTINCT 仓库号 FROM　职工表 WHERE；
工资 >= ALL（SELECTMAX（工资）FORM 职工表 WHERE；
仓库号 = 'WH1'）

（2）利用 SQL 语句，检索仓库中至少有一名职工的仓库信息，正确的命令是________。

A. SELECT * FROM 仓库表 WHERE IN（SELECT 仓库号；

FROM 职工表)

B. SELECT * FROM 仓库表 WHERE NOT IN (SELECT 仓库号 FROM;
职工表)

C. SELECT * FROM 仓库表 WHERE 仓库号 EXISTS (SELECT *;
FROM 职工表 WHERE 仓库号 = 仓库表. 仓库号)

D. SELECT * FROM 仓库表 WHERE EXISTS (SELECT *;
FROM 职工表 WHERE 仓库号 = 仓库表. 仓库号)

(3)~(4)题基于学生表 s、学生选课表 sc 及课程表 kc 三个数据库表,它们的结构如下:

s(学生):学号(C,8),姓名(C,6),性别(C,2),出生日期 D,院系(C,6)

sc(选课):学号(C,8),课程号(C,3),成绩(N,3)(初始为空值)

kc(课程表):课程号(C,3),课程名(C,6),学时(N,6)

(3) 查询选修 C2 课程号的学生姓名,下列 SQL 语句中错误的是________。

A. SELECT 姓名 FROM s WHERE EXISTS;
(SELECT * FROM sc WHERE 学号 = s. 学号 AND 课程号 = 'C2')

B. SELECT 姓名 FROM s WHERE 学号 IN;
(SELECT 学号 FROM sc WHERE 课程号 = 'C2')

C. SELECT 姓名 FROM s JOIN sc ON s. 学号 = sc. 学号;
WHERE 课程号 ='C2'

D. SELECT 姓名 FROM s ;
WHERE 学号 =(SELECT 学号 FROM sc WHERE 课程号= 'C2')

(4) 查询所修课程成绩都大于等于 85 分的学生的学号和姓名,正确的命令是________。

A. SELECT 学号,姓名 FROM s WHERE NOT EXISTS;
(SELECT * FROM sc WHERE sc.学号=s. 学号 AND 成绩 <85)

B. SELECT 学号,姓名 FROM s WHERE NOT EXISTS;
(SELECT * FROM sc WHERE sc.学号=s. 学号 AND 成绩 >= 85)

C. SELECT 学号,姓名 FROM s,sc WHERE s.学号=sc.学号 AND;
成绩 >= 85

D. SELECT 学号,姓名 FROM s,sc WHERE s.学号=sc. 学号 AND;

ALL 成绩 >= 85

（5）简述查询与本地视图的区别与联系。

（6）数据库、表、视图和查询的关系如何？

第 6 章　程序设计

6.1　知识纲要

1. 程序设计基础

（1）了解结构化程序文件的设计步骤，掌握创建、编辑和运行程序文件。如：使用 MODIFY COMMAND 可以修改原程序或者创建新程序，使用 DO 命令可以运行程序，而程序文件的文件扩展名（.PRG）可以不用书写。注意：运行程序文件，系统就会生成对应的编译文件（.FXP），而程序的执行就是执行对应程序的编译文件（.FXP）。

（2）掌握结构化程序设计的三种形式：顺序、分支和循环。

（3）掌握注释语句及其功能，包括 NOTE | * 和 && 的用途。

（4）掌握程序运行终止语句，如：CANCEL，QUIT，RETURN 的返回方式及返回位置。

（5）了解格式定位输出语句。

（6）掌握顺序程序设计语句（即无分支、无循环）。

2. 分支程序设计

（1）掌握分支结构的三种类型，包括单项分支、双向分支和多项分支。

（2）掌握 IF…ELSE…ENDIF 的命令书写格式及要求。

命令格式：IF <逻辑表达式>
　　　　　　<语句组 1>
　　　　　[ELSE
　　　　　　<语句组 2>]
　　　　　ENDIF

注意：语句组可以实现嵌套，有一个 IF 就有一个 ENDIF 与之对应，使用双向分支时要学会与 IIF 函数的替代使用。

（3）掌握 DO CASE…ENDCASE 的命令书写格式及要求。

```
命令格式:DO CASE
            CASE <逻辑表达式1>
                <语句组1>
            CASE <逻辑表达式2>
                <语句组2>
              ⋮
            CASE <逻辑表达式n>
                <语句组n>
            [OTHERWISE
                <语句组n+1>]
            ENDCASE
```

注意:语句组可以实现嵌套,在嵌套时,DO CASE 与第一个 CASE 之间无任何语句;OTHERWISE 语句后面没有条件;有一个 DO CASE 就有一个 ENDCASE 与之对应。

3. 循环程序设计

（1）掌握循环结构的三种类型,包括“当”循环、计数循环和指针循环。注意三种结构语句定义时必须前后配对,如 DO WHILE 必须与 ENDDO 配对。

（2）掌握“当”循环 DO WHILE…ENDDO 语句格式和功能。

```
命令格式:DO WHILE <逻辑表达式>
            <语句组1>
        [EXIT]
            [<语句组2>]
        [LOOP]
            [<语句组3>]
        ENDDO
```

遇到“当”循环,先计算逻辑表达式的值,若为.T.,则执行循环体,否则退出循环体。利用“当”循环可以实现次数固定、次数不固定和表记录的循环操作,注意其中变量的初始定义、递增或递减变化,跳出循环体的条件设置,否则会出现“死循环”。

（3）掌握计数循环 FOR…ENDFOR|NEXT 语句格式和功能。

命令格式：FOR <内存变量>= <初值> TO <终值>［STEP <步长>］

<语句组>
［EXIT］
⋮
［LOOP］
⋮
ENDFOR|NEXT

注意：STEP <步长>自动实现变量的递增或者递减，并且注意在使用 FOR 循环实现次数固定的功能时与 DO WHILE 循环在变量控制上的区别。

（4）掌握计数循环 SCAN…ENDSCAN 语句格式和功能。

命令格式：SCAN［<范围>］［FOR <逻辑表达式1>］［WHILE <逻辑表达式2>］

［<语句组>］
［LOOP］
⋮
［EXIT］
⋮
ENDSCAN

注意使用 SCAN 循环在执行循环体一遍时，将自动实现一次 SKIP 操作，而在 DO WHILE 循环实现这一功能时要给出条件.NOT. EOF()或者 EOF() = .F.，还要设置一次 SKIP 操作。

（5）掌握 LOOP 与 EXIT 的区别。注意：LOOP 是短路作用，返回条件重新进行判断；而 EXIT 是强制性退出，退出循环体，执行循环体以外的语句。

4. 执行外部程序

（1）了解过程的种类，包括外部过程、过程文件（.PRG）和内部过程。

（2）掌握过程文件的创建和使用，包括自定义函数（FUNCTION）和自定义过程（PROCEDURE）。

（3）掌握变量的分类及其作用域，包括局部变量（LOCAL）、私有变量（PRI-

VATE)、全局变量(PUBLIC)等。

(4)掌握过程中形参和实参值的传递形式,包括按值传递和按引用传递,注意实参和形参的数量比例关系及强制使用符号。如:在主程序中使用 DO <子程序名>[WITH <实参表>]实现实参传递值给形参;在子程序中使用 PARAMETERS <形参表>接受实参的值给形参;按值传递使用 SET UDFPARMS TO VALUE,或者强制方式(<变量名>);按引用传递使用 SET UDFPARMS TO REFERENCE,或者强制方式@ <变量名>。

6.2 实训习题

1. 选择题

(1)在 Visual FoxPro 中,用于建立或修改程序文件的命令是________。

A. MODIFY <文件名>

B. MODIFY COMMAND <文件名>

C. MODIFY PROCEDURE <文件名>

D. B 和 C 都对

(2)结构化程序设计的三种基本逻辑结构是________。

A. 选择结构、循环结构和嵌套结构

B. 顺序结构、选择结构和循环结构

C. 选择结构、循环结构和模块结构

D. 顺序结构、递归结构和循环结构

(3)建立一个循环结构的程序,不能用的命令是________。

A. IF…ENDIF　　B. SCAN…ENDSCAN

C. DO WHILE…ENDDO　　D. FOR…ENDFOR

(4)在 Visual FoxPro 中如果希望一个内存变量只限于在本程序中使用,说明这种内存变量的命令是________。

A. PUBLIC　　B. PRIVATE

C. LOCAL　　D. 在程序中直接使用

(5)在 Visual FoxPro 集成环境下(例如在其“命令”窗口中),利用 DO 命令执行一个程序文件时,系统实质上是执行________文件。

A. PRG　　B. FXP　　C. BAK　　D. EXE

（6）下列程序段执行时在屏幕上显示的结果是________。

```
DIMENSION a(6)
a(1)=1
a(2)=1
FOR i=3 TO 6
  a(i)=a(i-1)+a(i-2)
NEXT
? a(6)
```

A. 5　　B. 6　　C. 7　　D. 8

（7）退出程序文件，返回操作系统的命令是________。

A. CANCEL　　B. RETURN　　C. QUIT　　D. STOP

（8）下列自定义函数 ABC 的功能是计算一个整数的各位数字之和。

```
FUNCTION abc
PARAMETER  x
s=0
DO WHILE x>0
  s=s+MOD(x,10)
  ________
ENDDO
RETURN s
ENDFUNC
```

在上述函数定义中，下划线处应填写的语句是________。

A. x=INT(x/10)　　B. x=x-INT(x/10)

C. x=INT(x%10)　　D. x=x-INT(x%10)

（9）有关自定义函数的叙述，正确的是________。

A. 自定义函数的调用与标准函数不一样，要用 DO 命令

B. 自定义函数的最后结束语句可以是 RETURN 或 RETRY

C. 自定义函数的 RETURN 语句必须送返一个值，这个值作为函数返回值

D. 调用时，自定义函数名后的括号中一定写上形式参数

（10）有关嵌套的叙述正确的是________。

A. 循环体内不能含有条件语句

B. 循环语句不能嵌套在条件语句之中

C. 嵌套只能一层，否则会导致程序错误

D. 正确的嵌套中不能交叉

（11）阅读下列程序，该程序的运行结果是________。

```
SET TALK OFF
INPUT  "请输入 a:"  TO a
INPUT  "请输入 b:"  TO b
IF  a < b
  t = a
  a = b
  b = t
ENDIF
DO WHILE b < >0
    t = MOD(a,b)
    a = b
    b = t
ENDDO
? a
SET TALK ON
RETURN
```

运行时输入：12，8

A. 2　　　　B. 4　　　　C. 12　　　　D. 8

说明：本程序的功能是求两个数的最大公约数。方法是用两个数中较小的数除以较大的数，然后将除数作为一次除的被除数，余数作为下一次除的除数，反复进行这样的操作，直到余数为零时为止。最后一次除的除数，即为所给两个数的最大公约数。

（12）运行以下程序后，Visual FoxPro 主窗口显示的结果是________。

```
CLEAR
```

```
n =0
DO   WHILE   n <10
    IF INT(n/2) = n/2
    ?    "W"
      ENDIF
    ??    "Fox"
n = n +1
ENDDO
```

A. 显示 5 行,内容均为 WFoxFox

B. 显示 5 行,内容均为 WfoxWFox

C. 显示 4 行,内容均为 WFoxFox

D. 显示 4 行,内容均为 FoxFoxW

(13) 下列程序执行以后,内存变量 y 的值是________。

```
x = 12345
y =0
DO WHILE   x >0
    y = x% 10 + y * 10
    x = INT(x/10)
ENDDO
```

A. 2345　　B. 3425　　C. 5432　　D. 54321

(14) 阅读下列程序:

```
SET TALK OFF
S = 'ABCDEF'
N = LEN(S)
K =1
DO WHILE   K <= N -1
  ? SUBS(S,K,N -K)
  K = K +1
ENDDO
RETURN
```

上述程序运行以后，显示内容行数为________，最后一行内容为________。

A. 5，DE　　B. 5，E

C. 3，DE　　D. 4，E

（15）如果在命令窗口输入并执行命令"LIST 名称"后在主窗口中显示内容如表 1-6-1 所示。

表 1-6-1　名称信息表

记录号	名称
1	电视机
2	计算机
3	电话线
4	电冰箱
5	电线

假定名称字段为字符型，宽度为 6，那么下面程序段的输出结果是________。

```
GO 2
SCAN  NEXT  4  FOR  LEFT(名称,2) ="电"
    IF RIGHT(名称,2) ="线"
    LOOP
    ENDIF
    ?? 名称
ENDSCAN
```

A. 电话线　　B. 电冰箱

C. 电冰箱电线　　D. 电视机电冰箱

（16）用于说明程序中所有内存变量都是私有变量的命令是________。

A. PRIVATE ALL　　B. PUBLIC ALL

C. ALL = PRIVATE　　D. STORE PRIVATE TO ALL

说明：定义私有变量的语句有 PRIVATE <内存变量名表> 和 PRIVATE ALL [LIKE/EXCEPT <通配符>]。

（17）在 DO WIHLE … ENDDO 循环结构中，LOOP 命令的作用

是________。

A. 退出过程,返回程序开始处

B. 转移到 DO WHILE 语句行,开始下一个判断和循环

C. 终止循环,将控制转移到本循环结构 ENDDO 后面的第一条语句继续执行

D. 终止程序执行

(18) 有关 SCAN 循环结构,叙述正确的是________。

A. SCAN 循环结构中的 LOOP 语句,可将程序流程直接指向循环开始语句 SCAN,首先判断 EOF()函数的真假

B. 在使用 SCAN 循环结构时,必须打开某一个数据库表

C. SCAN 循环结构的循环体中必须写有 SKIP 语句

D. SCAN 循环结构,如果省略了 <SCOPE> 子句、FOR <条件> 和 WHILE <条件> 子句,则直接退出循环

(19) 假设新建了一个程序文件 myproc. PRG(不存在同名的. EXE, . APP 和. FXP 文件),然后在命令窗口输入命令 DO myproc,执行该程序并获得正常的结果。现在用命令 ERASE myproc. PRG 删除该程序文件,然后再次执行命令 DO myproc,产生的结果是________。

A. 出错(找不到文件)

B. 与第一次执行的结果相同

C. 系统打开"运行"对话框,要求指定文件

D. 以上都不对

(20) 下列程序段的输出结果是________。

```
CLEAR
STORE 10 TO A
STORE 20 TO B
SET UDFPARMS TO REFERENCE
DO SWAP WITH A,(B)
? A,B
RETURN
PROCEDURE SWAP
```

```
PARAMETERS X1,X2
TEMP = X1
X1 = X2
X2 = TEMP
ENDPROC
```

A. 10　20　　B. 20　20　　C. 20　10　　D. 10　10

2. 填空题

(1) 程序文件的扩展名为________,调用过程的命令是 DO ________,定义过程开始语句为________,定义过程结束语句为______________。

(2) 程序中第一行语句往往用________命令清屏。

(3) 在 Visual FoxPro 中参数传递的方式有两种,一种是按值传递,另一种是______________。

(4) 将参数设置为按传值方式传递的语句是:SET　UDFPARMS ________。

(5) 在用户自定义函数或过程中定义形式参数的命令是 ______________。

(6) 执行下列程序后,输出到屏幕的结果为________。

```
CLEAR
STORE 5 TO  ml,m2
STORE 1 TO  m3,m4
DO  pa  WITH  ml,m2,m3,m4
? m4
PROCEDURE pa
PARAMETER a,b,c,d
d = b^2 - 4 * a * c
DO  CASE
    CASE  d < 0
        d = 100
    CASE  d = 0
        d = 200
    CASE d > 0
        d = 300
```

```
ENDCASE
RETURN
```

(7) 下列程序是用来求长方形的面积,请将它写完整。

```
X = 3
Y = 5
S = AREA(X,Y)
? S
FUNCTION  AREA
PARAMETERS X,Y
S1 = X * Y
RETURN  ________
```

(8) 下列程序段用来求 0 ~ 100 之间的偶数之和,请将它填写完整。

```
N = 0
S = 0
DO WHILE  N <= 100
    N = N + 1
    IF N%2 = 1
        ________
    ELSE
        S = S + N
    ENDIF
ENDDO
```

(9) 执行下列程序,显示的结果是________。

```
one = "WORK"
two = ""
a = LEN(one)
i = a
DO  WHILE i >= 1
    two = two - SUBSTR(one,i,1)
    i = i - 1
```

```
ENDDO
? two
RETURN
```

(10) 教师表(js. DBF)的结构和内容如表1-6-2所示。

表1-6-2 教师表结构

工号	姓名	性别	系名
04001	陈子亮	男	管理工程系
04002	赵东萍	女	管理工程系
04003	王一平	男	计算机系
04004	陈志敏	男	中文系

阅读下列程序段:

```
N = 0
M = 0
SELE  JS
SCAN  WHILE  XB = '男'
  N = N + 1
ENDSCAN
M = RECCOUNT( ) - N             &&RECCOUNT( )为统计记录数函数
```

执行上述程序后,N 和 M 的值分别为________,________。

(11) 在 Visual FoxPro 中,有如下程序:

```
* 程序名:test. PRG
  SET TALK OFF
  PRIVATE  x,y
  x = "数据库"
  y = "管理系统"
  DO sub1
  ?  x + y
  RETURN
* 子程序:SUB1
```

```
PROCEDURE sub1
LOCAL  x
x ="应用"
y ="系统"
x =  x + y
RETURN
```

执行命令 DO　test 后,屏幕显示的结果应是________。

(12) 在 Visual FoxPro 中如下程序的运行结果(即执行命令 DO main 后)是________。

```
* 程序文件名:main. PRG
  SET TALK OFF
  CLOSE ALL
  CLEAR ALL
  mx ="Visual FoxPro"
  my ="二级"
  DO s1
  ?  my + mx
* 子程序文件名:s1. PRG
  PROCEDURE s1
  LOCAL mx
  mx ="Visual FoxPro DBMS 考试"
  my ="计算机等级" + my
  RETURN
```

(13) 下列程序的功能是:将任意一个数字字符串转换为中文零到九的表示形式。例如"12089",转换成"一二零八九"。

```
CLEAR
cStr1 ="1560189"
cStr2 =""
FOR ________
  d = VAL(SUBSTR(cStr1,i,1))
```

```
cStr2 = cStr2 + ntoc(d)
ENDFOR
? cStr2
RETURN
FUNCTION ntoc
________________
cString ="零一二三四五六七八九"
   cResult = SUBS(cString,pDigit * 2 + 1,2)
RETURN cResult
```

(14) 已知学生成绩表(cj.DBF)中含有学号(xh,C,6)、课程代号(kcdh,C,2)和成绩(cj,N,3)字段,为了给每个成绩评定成绩等级(优、良、及格、不及格),在该表所在的数据库中创建了一个根据成绩分数评定成绩等级的自定义函数 getdd,函数 getdd 的代码如下:

```
FUNCTION  getdd
     PARAMETERS  nCj
       LOCAL cdd
       cdd =""
       DO CASE
          CASE nCj >=90
             cdd ="优"
          CASE BETWEEN(nCj,80,89)
             cdd ="良"
          CASE BETWEEN(nCj,60,79)
             cdd ="及格"
          CASE nCj <60
             cdd ="不及格"
       ENDCASE
RETURN  ________
```

注:Visual FoxPro 系统函数中 BETWEEN 函数的功能是判断一个表达式的值是否在两个相同数据类型的表达式的值之间。

(15) 完善下列自定义函数 STR_RV( ),其功能是将一个字符串(假设所有字符均为 ASCII 和 GB2312 字符集中的字符)进行"反序"。例如,STR_RV("ABCD")的返回值为"DCBA"。

```
FUNCTION STR_RV
PARAMETERS  c
p = SPACE(0)
DO WHILE LEN(c) >0
    x = ASC(________)
    IF  x > 127  &&ASCII 码值大于 127 的字符为汉字(x 为半个汉字的机内码)
      i =2
    ELSE
      i =1
    ENDIF
    p = LEFT(c,i) + p
    c = SUBSTR(c,i +1)
ENDDO
________
ENDFUNC
```

(16) 已知学生成绩表 cj.DBF 的结构由学号(xh,C,6)、课程代号(kcdh,C,2)和成绩(cj,N,3)三个字段组成,下面程序段用来检查表中的 cj 是否小于 0,如果小于 0 给出提示信息。例如,如果第 3 条记录的成绩小于 0,则显示提示信息为"第 3 条记录的成绩录入不合法"。完善下列程序段使它完成上述功能。

```
USE  cj
SCAN
    IF  cj <0
      n = RECNO( )
      S  ="第" +  ________  +"条记录的成绩录入不合法"
      WAIT  S
    ENDIF
```

```
ENDSCAN
RETURN
```

（17）下列程序的功能是计算：

$s = 1/(1*2) + 1/(3*4) + 1/(5*6) + \cdots + 1/(n*(n+1)) + \cdots$的近似值，当$1/(n*(n+1))$的值小于 0.00001 时，停止计算。

```
s = 0
i = 1
DO WHILE  .T.
   p = ________
   s = s + 1/p
   IF 1/p < 0.00001
      ________
   ENDIF
   i = i + 2
ENDDO
```

（18）下列程序的功能是显示职称为教授的数据记录（注：zcdh 为“01”代表是“教授”），请将程序补充完整。

```
SET  TALK  OFF
CLEAR
USE js
DO  WHILE  ________
   CLEAR
   IF zcdh <> "01"
      SKIP
      ________
   ENDIF
DISPLAY
WAIT "按任意键继续!"
________
ENDDO
```

```
USE
RETURN
```

（19）运行下列程序后，屏幕显示的数据为________。

```
CLEAR
STORE  "qcw"  TO  c
cc = SPACE(0)
DO WHILE LEN(c) >0
    cc = CHR(ASC(LEFT(c,1)) +2) + cc
    c = SUBS(c,2)
ENDDO
? cc
```

3. 思考题

（1）下列程序的功能是：在一个英文句子中找出最长的单词（单词之间以一个或多个空格分隔），若有多个结果则只需显示第一个单词，完善下列程序。

```
CLEAR
cString = "This is one of the best books"
nCount = 0
cResult = SPACE(0)
DO WHILE LEN(cString) >0
  n = AT(SPACE(1),cString)
  cWord = ALLT(IIF(n =0,cString,SUBS(cString,1,n)))  && 取一个单词
  cString = ALLT(IIF(n =0,SPACE(0),SUBS(cString,n +1)))
  IF LEN(cWord) > nCount
      nCount = ________________
      cResult = cWord
  ENDIF
ENDDO
WAIT WINDOW "最长的单词是" + cResult
RETURN
```

（2）下列程序的功能是计算 100 以内的素数之和（$s = 2 + 3 + 5 + 7 \cdots + 97$）。素数是指大于 1 的自然数，除了 1 和本身外，不能被其他数整除的数；数 n 是否为素数的函数 isprime(n)，如果 n 是素数，则该函数返回逻辑值 .t. 。

```
n = 100
s = 0
FOR i = 1 TO n
    IF isprime(i)
    ________
    ENDIF
  ENDFOR
? ALLT(STR(n)) + "以内的素数和 s =",s
RETURN
```

（3）某学校 2007—2008 学年第二学期共 10 周，该学期开学日期为 2008 年 3 月 2 日，即 2008 年 3 月 2 日是该学期校历第一周的第一天（星期日）。下列程序的功能是：打印出该学期校历，并能根据给定的日期（2008 年 5 月 1 日）返回该日期是校历中的第几周、星期几。完善下列程序。

```
CLEAR
t1 = {^2008 - 03 - 02}
tx = {^2008 - 05 - 01}
cString1 = "日一二三四五六"
n = tx - t1
FOR  i = 1  TO  7
    ? "星期" + ________________ + SPACE(2)
        FOR  j = 1  TO  10
          ?? t1 + (j - 1) * 7,SPACE(1)
        ENDFOR
        t1 = t1 + 1
ENDFOR
x = ________________________
IF x > 10
```

```
        ?"该日期不落在本学期"
    ELSE
    y = MOD(n,7)
    ? DTOC(tx) +"是第"+STR(x) +"周星期"+STR(y)
    ENDIF
```

(4) 下列程序的功能是：删除字符串（不包括汉字）中的空格，并将它按字符从小到大的顺序排列后输出。例如，字符串"B C efA"，输出结果为"ABCef"。完善程序。

```
CLEAR
x ="B C efA"
y =""
x = STRTRAN(x,SPACE(1),SPACE(0))
n = LEN(x)
DIMENSION A(n)
FOR i =1 TO n
    A(i) = LEFT(x,1)
    x = ____________________
ENDFOR
= ASORT(A)                    &&ASORT()函数的功能是对数组元素进行排序
  FOR j =1 TO n
      y = y + ________________
  ENDFOR
? y
RETURN
```

(5) 完数是指数 n 的各分解因子（1 视为因子，n 不视为因子）之和正好等于该数本身，例如 6 为完数（因子为 1,2,3，且 1 +2 +3 =6）。下列程序的功能是：找出 1000 之内的所有完数，并将找出的完数及该数的所有因子输出。输出结果形式为：6　1　2　3

28　1　2　4　7　14

⋮

完善程序。

```
CLEAR
FOR i =1 TO 1000
  m =0
  s =""
  FOR ____________
    IF i/j = INT(i/j)
        m = m + j
        s = s + (STR(j))
      ENDIF
  ENDFOR
IF __________
  ? i
  ?? s
ENDIF
ENDFOR
RETURN
```

(6) 执行下列程序后,屏幕显示的结果的行数是________,s 的值是________。

```
a1 =0
a2 =1
s = a1 + a2
? STR(a1,3) + STR(a2,3)
DO  WHILE  a2 <=15
  a2 = a1 + a2
  a1 = a2 - a1
  ?? STR(a2,3)
  s = s + a2
ENDDO
? "s =" + STR(s,3)
```

（7）下列程序的功能是：统计一个字符串中有多少个不同的字符及汉字，以及每个字符或汉字出现的次数。完善下列程序。

```
CLEAR
  cStr ="数据库管理系统(DBMS)AA"
DO WHILE ________________
  nLen1 = Len((cStr))
  x = ASC(LEFT(cStr,1))
  IF x >127
      cStr1 = LEFT(cStr,2)
  ELSE
      cStr1 = LEFT(cStr,1)
  ENDIF
  cStr = STRTRAN(cStr,cStr1,SPACE(0))
  nLen2 = LEN(cStr)
  IF x >127
      ? cstr1,(nLen1 - nLen2)/2
  ELSE
      ? cstr1,nLen1 - nLen2
  ENDIF
ENDDO
RETURN
```

（8）下列程序的功能是：比较两个字符串的差异，并将差异的位置显示出来。例如，Cl =“AbCDEFGHTP”，C2 =“ABCDETG 大 P”，比较以后显示位置差异：2，6，8，9。完善下列程序。

```
CLEAR
c1 ="Visual FoxPro 系统"
c2 ="visual foxpro 数据库"
n = MAX(LEN(c1),LEN(c2))
FOR  i =1  TO  n
  Str1 = SUBSTR(c1,i,1)
```

```
    Str2 = ____________________
    IF ! Str1==Str2
      IF ASC(Str1) >127
          ?? i,i+1
      ELSE
          ?? i
      ENDIF
    ENDIF
  ENDFOR
  RETURN
```

（9）下列程序的功能是:第一个循环随机生成 20 个大写英文字母,并且存放到数组 c 中,第二个循环将数组 c 中的 20 个元素排序(从小到大)。完善下列程序。

```
CLEAR
n=20
DIMENSION c(n)
FOR  i=1 TO n                          && 第一个循环
  c(i) =CHR(65+INT(RAND() *26))
  ?? C(i)
ENDFOR
Lcontinue=.F.
FOR __________________
  FOR __________________
    IF c(j) <c(j-1)
      m=c(j-1)
      c(j-1) =c(j)
      c(j) =m
      Lcontinue=.t.
    ENDIF
  ENDFOR
```

```
    IF Lcontinue = . F.
        EXIT
    ENDIF
ENDFOR
DISPLAY MEMO LIKE c*
RETURN
```

（10）数组 A 中存放 26 个大写英文字母中的前 n 个字符，从数组 A 中删除给定字符（字符的内容存放在内存变量 c 中），后面的字符依次前移一个位置存放。完善下列程序。

```
n = 20
c = "J"
DIMENSION A(n)
FOR i = 1 TO n
  A(i) = CHR(64 + i)
ENDFOR
FOR i = 1 TO n
  IF  i = n
      A(i) = ""
      ________
  ENDIF
  IF  A(i) = c
      FOR j = I TO n - 1
        A(j) = a(j + 1)
      ENDFOR
      ________
  ENDIF
ENDFOR
DISPLAY MEMORY LIKE A*
RETURN
```

第7章　面向对象程序设计基础

7.1　知识纲要

1．类和对象的概念

（1）掌握类和对象的概念，以及类的继承性、多态性和封装性等特点。

（2）掌握基类的概念及其分类。Visual FoxPro 的基类分为控件类和容器类两种。系统所提供的基类中大部分可以在类设计器中进行可视化设计，但 Column，Header，OptionButton，Page 只能使用代码建立，同时这4 种基类是父容器的集成部分，在类设计器中不能子类化。

（3）掌握类的最小事件集和最小属性集。Visual FoxPro 基类的最小事件集：Init，Destory，Error；最小属性集：Class，BaseClass，ClassLibrary，ParentClass。

（4）掌握对象属性、事件和方法的概念。对象的属性和方法可以由用户自定义新建，其集合是可以扩展的，而用户不能创建新的事件，对象的事件集合是固定的。

2．对象属性值的设置和方法的调用

（1）掌握对象的两种引用：绝对引用和相对引用，以及相对引用的属性或关键字。注意：相对引用中的属性不能出现在引用路径的开头。系统变量_Screen（屏幕对象）与 ActiveForm 等组合可以在不知道表单名的情况下处理活动表单。

（2）掌握对象的属性设置、事件和方法过程的调用。在设置对象的属性时，如果想一次设置多个属性且引用对象的路径又较长时，可以采用 WITH…ENDWITH 语句。

3．常用事件和方法

（1）了解对象对事件的响应和对象的两种类型的层次关系（即容器层次与类层次）。

（2）掌握 Visual FoxPro 的常用事件及其主要事件触发的顺序。常用事件有：

表单事件：Load，Unload，Activate，Deactivate；

鼠标事件：Click，DblClick，RightClick；

交互式改变控件内容时触发的事件：InteractiveChange；

控件焦点的事件：GotFocus，LostFocus，When，Valid（触发顺序是 When→GotFocus→Valid→LostFocus）；

其他事件：Init，Destroy，Error，Timer（计时器）。

（3）了解面向对象程序设计的事件驱动、消息传递机制的概念，掌握事件循环的启用和终止命令。READ EVENTS 命令建立循环，通常出现在应用程序的主程序中；CLEAR EVENTS 命令终止循环，使用时必须保证主程序调出的界面中有发出 CLEAR EVENTS 命令的机制，否则程序进入死循环。

（4）掌握常用方法。常用的方法有：

表单、表单集：Hide，Release，Refresh，Show；

焦点：SetFocus；

组合框、列表框：AddItem，RemoveItem；

其他：SetAll。

7.2 实训习题

1. 选择题

（1）下列关于类的叙述中，不正确的是________。

A. 类是对象的集合

B. 一个类包含了相似的对象的特征和行为方法

C. 类可以按其定义的属性、事件和方法进行实际的行为操作

D. 类并不实行任何行为操作，它仅仅表明该怎样做

（2）下列有关类与对象的叙述中，错误的是________。

A. Visual FoxPro 基类包括容器类和控件类

B. 类是对象的抽象，对象是类的具体实例

C. 类具有继承性、封装性、多态性

D. 在创建类时，可以根据需要为类添加新的属性、事件和方法

（3）下列关于属性、方法和事件的叙述中，不正确的是________。

A. 属性用于描述对象的状态，方法用于表示对象的行为

B. 基于同一个类产生的两个对象可以分别设置自己的属性值

C. 事件代码也可以像方法一样被显示调用

D. 在新建一个表单时，可以添加新的属性、方法和事件

（4）下列关于事件的描述，不正确的是________。

A. 事件是一种预先定义好的特定动作，可由用户、系统或代码激活

B. Visual FoxPro 基类的事件集合是由系统预先定义好的

C. Visual FoxPro 基类的事件也可以由用户创建

D. 可以激活事件的用户动作有按键、单击鼠标、移动鼠标等

（5）________使得一个对象可以像一个部件一样用在各种程序中，同时也切断了不同模块之间数据的非法使用，减少了出错的可能。

A. 多态性　　B. 动态绑定　　C. 继承性　　D. 封装性

（6）类是一组具有相同属性和相同操作对象的集合，类之间共享属性和操作的机制称为________。

A. 多态性　　B. 动态绑定　　C. 静态绑定　　D. 继承性

（7）下列几组基类中，均为容器类的是________。

A. 表单集、列、文本框　　B. 页框、选项按钮组、表格

C. 列表框、列、下拉组合框　　D. 表单、命令按钮组、线条

（8）下列几组基类中，均为控件类的是________。

A. 表单集、标签、文本框　　B. 页框、选项按钮组、表格

C. 列表框、文本框、下拉组合框　　D. 列、命令按钮、形状

（9）下列常用 Visual FoxPro 基类中，只能是容器类的组成部分、不能基于它创建子类的是________。

A. Form（表单）　　B. TextBox（文本框）

C. Shape（形状）　　D. Column（列）

（10）如果表单中有一命令按钮组，且已分别为命令按钮组和命令按钮组中的各个命令按钮设置了 Click 事件代码，则在表单的运行过程中单击某命令按钮时，系统执行的代码是________。

A. 该命令按钮的 Click 事件代码

B. 该命令按钮组的 Click 事件代码

C. 先执行命令按钮组的 Click 事件代码，后执行该命令按钮的 Click 事件代码

D. 先执行命令按钮的 Click 事件代码，后执行命令按钮组的 Click 事件代码

（11）假定表单（frm2）上有一个文本框对象 text1 和一个命令按钮组对象 cg1，命令按钮组 cg1 包含 cd1 和 cd2 两个命令按钮。如果要在 cd1 命令按钮的某个方法中访问文本框对象 text1 的 Value 属性，下列表达始终正确的是________。

A. This. ThisForm. text1. Value

B. This. Parent. Parent. text1. Value

C. Parent. Parent. text1. Value

D. This. Parent. text1. Value

（12）下列对象的引用属于相对引用的是________。

A. Formset1. form2. check1. value

B. Form1. command1. caption

C. Form1. name

D. this. caption

（13）如果要引用一个控件的父类对象，则可以使用关键字________。

A. This　　B. Parent　　C. ThisForm　　D. 都可以

（14）对于同一个对象，事件 When，Valid，GotFocus，LostFocus 发生的顺序为________。

A. When，GotFocus，LostFocus，Valid

B. When，GotFocus，Valid，LostFocus

C. GotFocus，When，LostFocus，Valid

D. GotFocus，When，Valid，LostFocus

（15）所有基类均能识别的事件是________。

A. Click　　B. Load

C. Error　　D. RightClick

（16）对于一个表单或表单集对象来说，首先被触发的事件是________。

A. Destroy　　B. Load　　C. GotFocus　　D. Init

（17）在 Visual FoxPro 中，下列不是表单方法的是________。

A. delete　　B. hide　　C. refresh　　D. release

（18）在对象的引用中，thisform 表示________。

A. 当前对象　　B. 当前表单

C. 当前表单集　　D. 当前对象的上一级对象

（19）在表单运行过程中要求单击某一对象时释放表单，应在该对象的________。

A. click 事件中输入 thisform. release 代码

B. destory 事件中输入 thisform. refresh 代码

C. click 事件中输入 thisform. refresh 代码

D. dblclick 事件中输入 thisform. release 代码

（20）在表单的常用基本事件中，按照触发时机的先后排列，其顺序应为________。

A. Init，Load，Destroy，Unload

B. Init，Load，Unload，Destroy

C. Load，Init，Destroy，Unload

D. Load，Init，Unload，Destroy

（21）关于对象的 InterActiveChange 事件，下列的叙述正确是________。

A. 当用户使用鼠标或键盘改变了对象的值，此时会引发 InterActiveChange 事件

B. 用鼠标单击对象时引发

C. 当对象激活时引发

D. 用鼠标右键单击对象时引发

（22）下列对象中不能以表单作为直接容器对象的是________。

A. 页框　　B. 页面

C. 命令按钮组　　D. 命令按钮

（23）对数据绑定型控件主要设置其________属性。

A. Control　　B. RecordSource

C. RowSourceType　　　　D. ControlSource

(24) 在 Visual FoxPro 6.0 中,封装是借助________达到的。

A. 结构　　B. 函数　　C. 数组　　D. 类

2. 填空题

(1) Visual FoxPro 支持结构化程序设计和面向对象程序设计,后者的英文缩写为________。

(2) 在面向对象的程序设计中,类的实例又称为________。

(3) 根据所基于的类的性质,对象可以分为容器对象和________两种类型。

(4) 在 Visual FoxPro 中,基类的事件集合是固定的,不能进行扩充。基类的最小事件集包括 Init 事件、________事件和 Error 事件。

(5) 引用当前表单集的关键字是________。

(6) 设某表单(frm1)上有一个文本框(text1)和一个命令按钮(command1)。该表单运行时,单击命令按钮 command1,则文本框 text1 中显示当前系统日期。由此,命令按钮 command1 的 Click 事件程序代码中必须写入的命令为:ThisForm. text1. Value = ________。

(7) 表单 form1 上有一个命令按钮组控件 CG(容器控件),命令按钮组控件 CG 中包括两个命令按钮 Cmd1 和 Cmd2,若当前对象为 Cmd1,则 this 所指的控件是____________________,this. parent 所指的控件是____________________,this. paret. parent 所指的控件是________。

(8) 建立事件循环的命令是________________;终止事件循环的命令是________________。

(9) Visual FoxPro 的对象有两种类型的层次关系:________层次和________层次。

(10) 属性定义对象的特征或某一方面的行为,________是由对象识别的一个动作,方法是对象能够执行的一个操作。

(11) 创建对象时触发________事件。

(12) 与 ThisForm. Release 功能等价的命令是________________。

(13) 使用________________代码,可完成刷新表单功能。

(14) ________方法的功能是移去列表框中的一个数据项;________方法

的功能是在列表框中增加一个数据项。

（15）子类延用父类特征的能力是类的________性；允许相关的对象对同一消息做出不同反应是类的________性；说明包含和隐藏对象信息（如内部数据结构和代码）的能力，使操作对象的内部复杂性与应用程序的其他部分隔离开来，是类的________性。

（16）系统提供的类称为________，由其他类派生的类称为________。

（17）在 Visual FoxPro 中，可以有两种不同的方式来引用一个对象，下面的两条语句 ThisFormset. form1. command1. caption ="确定"，this. caption ="确定"引用的方式分别称为________和________。

（18）对类新建的属性，其默认初始值类型为________。

（19）创建表单等对象时，可以通过对对象属性的修改、方法程序的调用来处理对象。采用相对引用的方式引用对象时，THIS，THISFORM，THISFORMSET 等关键字只能在________或事件处理代码中使用。

3. 简答题

（1）类和对象是什么关系？类有哪些特性？

（2）类有哪些类型？

第 8 章　表单、控件和类设计

8.1　知识纲要

1．表单的创建

（1）掌握利用表单向导设计单表表单和一对多表单。

（2）掌握利用表单设计器创建新表单及修改已存在的表单。

（3）掌握数据环境设计器的使用。可以向表单的数据环境中添加表和视图，但不能添加查询。一个表单的数据环境中可以没有表或视图。重点掌握数据环境对象常用属性 AutoCloseTables，AutoOpenTables，InitialSelectedAlias，以及数据环境中临时表的 Exclusive 属性和关系常用属性 OneToMany，RelationalExpr 等的设置。

（4）掌握表单集的创建与移除，以及在表单集下添加新表单、移除表单、添加新属性和新方法的方法。注意：用户添加的属性和方法永远属于最外层的对象。

（5）重点掌握表单常用属性 AutoCenter，BackColor，Caption，Name，Closable，ControlBox，MaxButton，MinButton，Movable，Width，WindowType，ShowWindow，DeskTop 等的设置，了解表单 AlwaysOnTop，BorderStyle，Height，Icon，Left，Top，WindowState 等属性的使用。

（6）掌握表单常用事件 Load，Init，Destory 等和常用方法 Refresh，Release，Show，Hide 等的应用。

2．表单控件的设计

（1）理解单文档界面和多文档界面的概念，掌握子表单、浮动表单和顶层表单的属性设置方法。重点掌握表单类型相关属性（ShowWindow 和 DeskTop）的设置。

（2）掌握控件的分类:数据绑定型控件与非数据绑定型控件。数据绑定型控件主要有复选框、组合框、编辑框、列表框、选项按钮、选项按钮组、微调框、文本框、表格和表格的列控件等。非数据绑定型控件主要有线条、标签和命令按钮(组)等。

（3）掌握通过“表单控件”工具栏向表单中添加控件的方法。

（4）掌握数据绑定型控件与数据源绑定的方法。数据绑定型控件(除表格控件外)可以通过 ControlSource 属性与表或视图中的某个字段相连,而且此时所输入或选择的值(控件的 Value 属性值)将保存到该字段中。表格控件和数据的绑定则要设置表格的 RecordSourceType 属性和 RecordSource 属性。

（5）掌握表单文件的运行和表单进行数据传递的方法。注意:当与表单进行数据传递时,首先在表单的 Init 事件中添加 PARAMETERS 语句;执行时用命令 DO FORM <表单文件名> WITH <参数表>。

（6）掌握容器对象的集合属性、计数属性和 SetAll 方法的使用。Visual FoxPro 的容器对象均具有集合属性和计数属性,其中页框、表格、命令按钮组和选项按钮组的计数属性值可读写,_Screen、表单集、表单、页面、列和工具栏的计数属性值是只读的。SetAll 方法常在设置一个容器中的所有对象或某一类对象的同一属性时使用。

（7）标签控件。重点掌握 Caption, Name, Alignment, AutoSize, FontSize, ForeColor, BackColor, WordWrap 等属性的设置;了解 FontBold, FontName, Font Italic, BackStyle 等属性的应用。

（8）文本框和编辑框控件。重点掌握 ControlSource, InputMask, Name, PasswordChar, ReadOnly, Value, Format, Alignment, ScrollBars 等属性的设置和使用;了解 BackColor, BackStyle, Caption, ForeColor, FontBold, FontName, FontSize, MaxLength, SelStart, SelLength, SelText 等属性的应用,掌握常用事件 When, GotFocus, Valid, LostFocus 等的使用和常用方法 SetFocus 等的应用。

（9）页框控件及其下属页面控件。重点掌握 ActivePage, PageCount, Caption, Name 等属性的设置和使用;了解 BackColor, BorderStyle, Tabs, TabStyle 等属性的应用;掌握常用方法 Refresh 的应用。

（10）复选框控件。重点掌握 Caption, ControlSource, Name, ReadOnly, Value 等属性的设置和使用;了解 Alignment, BackColor, BackStyle, ForeColor, FontBold,

FontName，FontSize 等属性的应用。

（11）微调框控件。重点掌握 Increment，ControlSource，KeyBoardHighValue，KeyBoardLowValue，Name，ReadOnly，SpinnerHighValue，SpinnerLowValue，Value 等属性的设置和使用；了解 Alignment，BackColor，ForeColor，FontBold，FontName，FontSize 等属性的应用。

（12）命令按钮和命令按钮组控件。重点掌握 ButtonCount，Caption，Default，Enabled，Name，Picture，Value 等属性的设置和使用；了解 AutoSize，Cancel，ForeColor，FontBold，FontName，FontSise 等属性的应用；掌握常用事件 Click，DblClick，RightClick 的使用和常用方法 SetFocus，SetAll 等的应用。

（13）选项按钮组控件。重点掌握 ButtonCount，Control Source，Value 等的设置和使用。

（14）列表框和组合框控件。重点掌握 BoundColumn，ControlSource，ColumnCount，ListCount，ListIndex，MultiSelect，Name，ReadOnly，RowSource，RowSourceType，Selected，Value 等属性的设置和使用；了解 Alignment，BackColor，ForeColor，FontBold，FontName，FontSize，Style 等属性的使用，掌握常用事件 InteractiveChange 等的应用。

（15）表格控件及其下属列控件、标头控件。重点掌握 ColumnCount，Child Order，DeleteMark，LinkMaster，Name，RecordSourceType，RecordSource，ReadOnly，ControlSource，CurrentControl 等属性的设置和使用；了解 DynamicFontName，DynamicFontSize，DynamicForeColor，ForeColor，FontBold，FontName，FontSize，Caption 和 ScrollBars 等属性的使用。

（16）计时器控件。重点掌握 Enabled，Interval，Name 等的设置和使用，常用事件 Timer 和常用方法 Reset 等的使用。

（17）图像控件。掌握常用属性 Picture 和 Stretch 等的设置和使用。

（18）形状控件和线条控件。掌握形状控件常用属性 Curvature，FillStyle，SpecialEffect 等的设置和使用；掌握线条控件常用属性 BorderWidth，BorderStyle，LineSlant 等的设置和使用。

（19）OLE 绑定型控件。掌握常用属性 ControlSource 等的设置和使用。

（20）掌握不同数据绑定型控件的 Value 属性值。注意不同控件 Value 属性所允许的数据类型是不同的，部分常用控件的 Value 属性所允许的数据类型各有不同,例如 CheckBox 和 OptionButton 允许整型、数值型、逻辑型;ComboBox,CommandGroup,ListBox,OptionGroup,Spinner 允许字符型、整型、数值型;EditBox 允许字符型、备注型;Grid 允许字符型、数值型;TextBox 允许除备注型和通用型以外的任意数据类型。

(21) 掌握利用控件生成器设置控件属性。掌握访问键、Tab 键次序、工具提示文本常用属性 ToolTipsText,ShowTips 等启用和停用控件的设置方法。

3. 类的设计与应用

(1) 掌握子类与类库的概念,类库文件的扩展名。

(2) 掌握通过表单设计器将设计好的表单集、表单或者控件另存为类的方法来创建子类。

(3) 掌握通过类设计器创建子类。注意:在类设计器中设计工具栏类时,"表单控件"工具栏上的表格控件不能添加到工具栏上。

(4) 掌握在表单上根据创建好的子类添加控件的方法。

(5) 掌握调用父类方法代码的方法。注意区别 DODEFAULT( )和作用域操作符::的不同。

8.2 实训习题

1. 选择题

(1) 以下有关 Visual FoxPro 表单的叙述中,不正确的是________。

A. 所谓表单就是数据表清单

B. Visual FoxPro 表单是一个容器类的对象

C. Visual FoxPro 的表单可以用来设计类似于窗口或对话框的用户界面

D. 在表单上可以设置各种控件对象

(2) 下列常用控件中,无 Value 属性的是________。

A. TextBox(文本框)

B. CommandButton(命令按钮)

C. CheckBox(复选框)

D. OptionButton(选项按钮)

(3) 以下几组控件中,均具有 ControlSource 属性的是________。

A. EditBox,Grid,ComboBox

C. ComboBox, Grid, Timer

B. ListBox, Label, OptionButton

D. CheckBox, EditBox, OptionButton

（4）下列几组控件中均有 SetAll 方法的是________。

A. Form, CommandButton, CommandGroup

B. FormSet, Column, ComboBox

C. Grid, Column, TextBox

D. Form, PageFrame, CommandGroup

（5）下列有关控件的叙述，错误的是________。

A. 对于标签控件（Label）的 Caption 属性值来说，其长度（字符个数）没有限制

B. 复选框控件（CheckBox）的 Value 属性值可以设置为 0，1 或 2

C. 有些控件无 Caption 属性，如文本框（TextBox）

D. 有些控件可通过相应的生成器设置其部分属性，如命令按钮组

（6）下列有关表单（集）及控件的叙述，错误的是________。

A. 无论创建一个表单、还是创建一个表单集，在保存时它们的文件类型（即扩展名）是相同的

B. 使用向导创建表单时，可以创建基于两个表的一对多表单

C. 表单的数据环境中可以包含自由表、数据库表和视图

D. 利用表单设计器设计表单时，用户可以为其中的某一控件（如文本框）创建新属性或新方法

（7）下列几组控件中都有 ControlCount 属性的是________。

A. 表单、文本框、列表框

B. 表单集、表单、页框

C. 表单、页面、列

D. 列、选项按钮组、命令按钮组

（8）下面关于数据环境中两个表之间关系的说法中，正确的是________。

A. 数据环境是对象，关系不是对象

B. 数据环境不是对象，关系是对象

C. 数据环境是对象，关系是数据环境中的对象

D. 数据环境和关系都不是对象

(9) 以下叙述与表单数据环境有关,其中正确的是________。

A. 当表单运行时,数据环境中的表处于只读状态,只能显示不能修改

B. 当表单关闭时,不能自动关闭数据环境中的表

C. 当表单运行时,自动打开数据环境中的表

D. 当表单运行时,与数据环境中的表无关

(10) 打开已有表单文件的命令是________。

A. REPLACE FORM　　B. CHANGE FORM

C. EDIT FORM　　D. MODIFY FORM

(11) 标签控件的________属性用于设置是否允许标签自动调整尺寸以容纳其标题文本。

A. AutoSize　　B. WordWrap

C. Alignment　　D. Enabled

(12) 在运行表单时,为设置属性值或指定操作的默认值,有时需要将参数传递到表单。若要将参数传递到表单,则应在表单的________事件代码中包含PARAMETERS 语句。

A. Load　　B. Init　　C. Destroy　　D. Activate

(13) 标签控件的________属性用于设置是否允许标签的标题文本换行显示。

A. AutoSize　　B. WordWrap

C. Alignment　　D. Enabled

(14) 在表单中加入一个复选框 check1 和一个文本框 text1,编写 check1 的 click 事件代码如下:thisform. text1. visible = this. value,则运行表单时单击选中复选框后________。

A. 文本框可见

B. 文本框不可见

C. 文本框是否可见由复选框当前值决定

D. 文本框是否可见与复选框当前值无关

(15) 某用户创建了一个命令按钮子类,并设置了 Click 事件代码,把该类添加到一表单中,则在表单设计器中该按钮的 Click 事件代码窗口

中,________。

A. 可以看到按钮的 Click 事件代码,但不准修改

B. 可以看到按钮的 Click 事件代码,并且可以修改

C. 看不到按钮的 Click 事件代码,且运行表单并单击按钮时该 Click 事件代码不被执行

D. 看不到按钮的 Click 事件代码,但运行表单并单击按钮时该 Click 事件代码被执行

(16) 设置一个命令按钮组控件包括 3 个按钮,可将其________属性设置为 3。

A. Visible　　B. ButtonCount

C. ControlSource　　D. Buttons

(17) 在 Visual FoxPro 中,为了实现单击 command1 按钮来退出表单(将表单从内存中释放掉),则 command1 按钮的 Click 事件代码应为________。

A. ThisForm. Refresh　　B. ThisForm. Delete

C. ThisForm. Hide　　D. ThisForm. Release

(18) 一个表单集中包含一个表单,该表单中包含一个命令按钮,释放表单集时,下列事件中最先发生的事件是________。

A. 表单集的 Destroy 事件

B. 表单的 Destroy 事件

C. 命令按钮的 Destroy 事件

D. 表单集的 Unload 事件

(19) 不可以在表单或表单集的数据环境中添加或创建的是________。

A. 表　　B. 视图

C. 查询　　D. 表之间的临时关系

(20) 文本框绑定到一个字段后,对文本框中的内容进行输入或修改时,文本框中的数据将同时保存到________。

A. Value 属性和 Name 属性中

B. Value 属性和该字段中

C. Value 属性和 Caption 属性中

D. Name 属性和该字段中

(21) 为了在文本框输入字符显示占位符号“ * ”,应该设置文本框的属性是________。

A. PasswordChar　　B. Caption

C. Name　　D. Value

(22) 调用表单的________方法,可以把表单显示出来。

A. Refresh　　B. hide　　C. Show　　D. Release

(23) 若从表单的数据环境中将一个逻辑型字段拖放到表单中,则默认情况下在表单中添加的控件个数和控件类型分别是________。

A. 1,文本框　　B. 2,标签与文本框

C. 1,复选框　　D. 2,标签与复选框

(24) 页框对象的集合属性和计数属性可以对页框上所有的页面进行属性修改等操作。页框对象的集合属性和计数属性的属性名分别为________。

A. Pages,PageCount　　B. Forms,FormCount

C. Buttons,ButtonCount　　D. Controls,ControlCount

(25) 如果要使得每 0.2 秒触发一次 Timer 事件,Timer 控件的 Interval 属性值应该设置为________。

A. 2　　B. 200　　C. 20000　　D. 2000

(26) 在 Visual FoxPro 中,对象的 Visible 属性作用是________。

A. 设置对象是否可用

B. 设置对象是否可见

C. 设置对象是否可改变大小

D. 设置对象是否可移动

(27) 如果 ComboBox 对象的 RowSourceType 设置为 3,则在 RowSource 属性中写入的 SELECT 语句,通常包含________子句。

A. GROUP BY　　B. ORDER BY

C. INTO TABLE　　D. INTO CURSOR

(28) 对于选项按钮组来说,________属性用于返回用户选中项的序号,如用户选中第 1 项,则该属性的值为 1。

A. ButtonCount　　B. Buttons

C. Value　　D. 其他三选项都不对

(29) 要在列表框中一次选择多个项(行),必须设置________属性为.T.。

A. MultiSelect　　B. ListItem

C. ControlSource　　D. Enabled

(30) 要使表单中某个控件不可用,则应将该控件的________属性设置为.F.。

A. caption　　B. name　　C. Visible　　D. enabled

(31) 下面关于列表框和组合框的陈述中,正确的是________。

A. 列表框和组合框都可以设置成多重选择

B. 列表框可以设置成多重选择,而组合框不能

C. 组合框可以设置成多重选择,而列表框不能

D. 列表框和组合框都不能设置成多重选择

(32) 确定列表框内的某个条目是否被选定,应使用的属性是________。

A. Value　　B. ColumnCount

C. ListCount　　D. Selected

(33) 下列情形中需要创建新类的是________。

A. 总是可以直接基于基类建立程序,因此不必创建新类

B. 如果基类不具有某功能,而这一功能又不经常使用,这时应创建新类

C. 如果基类不具有某功能,而这一功能又经常使用,这时应创建新类

D. Visual FoxPro 建立程序时,总是先创建类,再创建对象

(34) MyLabel 是派生于标签基类的子类,该子类的 BackColor 属性为红色。在某表单上创建一个基于 Mylabel 类的标签对象 Lb1,该对象的 BackColor 属性为黄色,则当运行该表单时,Lb1 对象的背景颜色是________。

A. 灰色　　B. 红色

C. 黄色　　D. 红色与黄色的调配色

(35) 设某类设置了属性 Test 的值为 m,当该类被添加到某表单后,未做任何修改,以下说法正确的是________。

A. 表单上该类对象的 Test 属性值有效值为 m

B. 表单上该类对象的 Test 属性值有效值为.F.

C. 表单上该类对象的 Test 属性值有效值可能为.T.

D. 表单上该类对象的 Test 属性值有效值可能为 0

(36) 在创建一个 CommandGroup 子类时________。

A. 只能添加命令按钮基类控件到组中

B. 只能添加命令按钮子类控件到组中

C. 可以添加命令按钮基类或子类控件到组中

D. 只能通过修改 CommandGroup 的 ButtonCount 属性来添加命令按钮

(37) 在创建表单选项按钮组时,下列说法中正确的是________。

A. 选项按钮的个数由 ButtonCount 属性决定

B. 选项按钮的个数由 Name 属性决定

C. 选项按钮的个数由 Value 属性决定

D. 选项按钮的个数由 Caption 属性决定

(38) 为表单 MyForm 添加事件或方法代码,改变该表单中的控件 cmd1 的 Caption 属性的正确命令是________。

A. MyForm. cmd1. Caption ="最后一个"

B. ThisForm. cmd1. Caption ="最后一个"

C. This. parent. cmd1. Caption ="最后一个"

D. ThisFormset. cmd1. Caption ="最后一个"

(39) 用 Grid 控件显示动态查询的结果,通常应设定其________属性值为 SQL 语句内容。

A. Controlsource　　　　B. Rowsource

C. Recordsource　　　　D. Datasource

(40) Grid 默认包含的对象是________。

A. Header　　　　B. TextBox

C. Column　　　　D. EditBox

(41) 要将表 cj. dbf 与 Grid 对象绑定,应分别设置 Grid 对象的两个属性的值为________。

A. RecordSourceType 属性为 cj,RecordSource 属性为 0

B. RecordSourceType 属性为 0,RecordSource 属性为 cj

C. RowSourceType 属性为 0,RowSource 属性为 cj

D. RowSourceType 属性为 cj,RowSource 属性为 0

(42) 对微调框控件,应通过设定________属性来确定用户鼠标单击微调按钮的变更值。

A. Interval　　B. Increment　　C. InputMask　　D. Value

(43) ________属性用来设置计时器的时间间隔。

A. Enabled　　B. Caption　　C. Interval　　D. Value

(44) 利用计时器控件的________事件来实现每隔一个时间间隔执行一段程序代码。

A. TIMER　　B. INTERVAL

C. CLICK　　D. SETFOCUS

(45) 用当前表单中的 LABEL1 控件来显示系统时间的语句是:THISFORM. LABEL1. ________ = TIME( )。

A. Caption　　B. Name　　C. FontName　　D. Timer

(46) 绑定型控件是指其内容与表、视图或查询中的字段或内存变量相关联的控件。当某个控件被绑到一个字段时,移动记录指针后如果字段的值发生变化,则该控件的________属性的值也随之发生变化。

A. Control　　B. Name　　C. Caption　　D. Value

(47) 在 Visual FoxPro 中,运行表单 MyForm. SCX 的命令是________。

A. DO MyForm. scx

B. RUN FORM MyForm. scx

C. DO FORM MyForm. scx

D. DO FROM MyForm. scx

(48) ________属于非可视控件类。

A. 选项按钮组(OptionGroup)

B. 计时器(Timer)

C. 表单(FORM)

D. 命令按钮(Command)

(49) 表单 Form1 中有一个包含 5 个选项按钮的选项按钮组 OptionGroup1,表单运行后,用户选中第 2 个选项按钮,则选项按钮组 OptionGroup1 的 Value 属性的值为________。

A. 1　　B. 2　　C. 3　　D. 0

（50）表单中有一个包含5个页面的页框控件，运行表单时，若要设置页框的第5页为活动页面，则应把页框的________属性设置为5。

A. Count　　B. ActivePage　　C. PageCount　　D. TabIndex

（51）________控件的功能用于实现一定范围内数值的微小调整。

A. 页框　　B. 微调按钮　　C. 计时器　　D. 列表框

（52）设置图形控件 Shape1 的 Curvature 属性的值设置为0，则该图形是一个________。

A. 正方形或长方形

B. 圆形或椭圆形

C. 圆角正方形或圆角长方形

D. 以上三个选项都不正确

（53）下列各组控件中，全部可与表中数据绑定的控件是________。

A. EditBox，Grid，Line

B. ListBox，Shape，OptionButton

C. ComBox，Grid，TextBox

D. CheckBox，Separator，EditBox

（54）从 CommandButton 基类创建子类 cmdA 和 cmdB，再由 cmdA 类创建 cmdAA 子类，则 cmdA，cmdB 和 cmdAA 必具有相同的________。

A. Caption 属性　　B. Name 属性

C. BaseClass 属性　　D. ParentClass 属性

（55）MultiSelect 属性是________控件所特有的属性。

A. Grid　　B. ListBox

C. ComboBox　　D. OptionGroup

（56）关于表格控件，下列说法中不正确的是________。

A. 表格的数据源可以是表、视图、查询

B. 表格中的列控件不包含其他控件

C. 表格能显示一对多关系中的子表

D. 表格是一个容器对象

（57）数据环境泛指定义表单、表单集或报表时使用的数据源，数据环境中只能包括________。

A. 表、视图和关系 B. 表和查询

C. 表和关系 D. 表和视图

(58) 对列表框的内容进行一次新的选择,一定会发生________事件。

A. Click B. When

C. GotFocus D. InteractiveChange

(59) 下列关于子类的存储的说法中正确的是________。

A. 一个子类必须保存为一个类库

B. 多个子类可以保存到一个类库中

C. 具有父子关系的两个子类不能保存在同一个类库中

D. 具有相同基类的子类才能保存到一个类库中

(60) 假设某个表单中有一个复选框(CheckBox1)和一个命令按钮 Command1,如果要在 Command1 的 Click 事件代码中取得复选框的值,以判断该复选框是否被用户选择,正确的表达式是________。

A. This. CheckBox1. Value

B. ThisForm. CheckBox1. Value

C. This. CheckBox1. Selected

D. ThisForm. CheckBox1. Selected

(61) 在 Visual FoxPro 中创建新类时,________。

A. 只能基于基类

B. 可以基于 Visual FoxPro 基类和子类

C. 只能基于子类

D. 不能基于不可视类

(62) 以下属性中,设计时可以给其赋值的是________。

A. ActiveControl B. ActiveForm

C. Parent D. ActivePage

(63) 要创建一个顶层表单,应将表单的 ShowWindow 属性设置为________。

A. 0 B. 1 C. 2 D. 3

(64) 要向表单传递参数,可以利用________传递。

A. Activate 事件 B. Load 事件

C. Init 事件　　　　　　　　　　　　D. Setup 事件

2. 填空题

（1）表单文件的扩展名是________。

（2）要使表单中各个控件的 ToolTipText 属性的值在表单运行中起作用，必须设置表单的 ShowTips 属性值为________。

（3）调用父类同名方法程序代码可以使用________函数，还可以使用________操作符调用父类各方法程序代码。

（4）表单集的________属性中存放了表单集中的表单对象的数目，可利用该属性循环遍历表单集中的所有表单，并执行某些操作，该属性在设计时不可用，运行时只读。

（5）事件是对象能够识别的一个动作，方法是对象能够执行的一组操作。对于 SetFocus 和 GotFocus，________是方法，________是事件。若让当前表单中的 Text1 文本框处于选中状态可以使用代码语句________________________。

（6）在 Visual FoxPro 中，创建的新类被保存在______文件中，其扩展名为______。

（7）在“表单设计器”中设计的表单有一标签控件，如图 1-8-1 所示。其中，标签控件的 AutoSize 属性值为________，WordWrap 属性值为________，Caption 属性值为________________。若表单的背景色为红色，该标签的背景色为蓝色。将该标签的 BackStyle 属性值设置为“0 – 透明”，运行该表单时该标签对象显示的背景色为________。

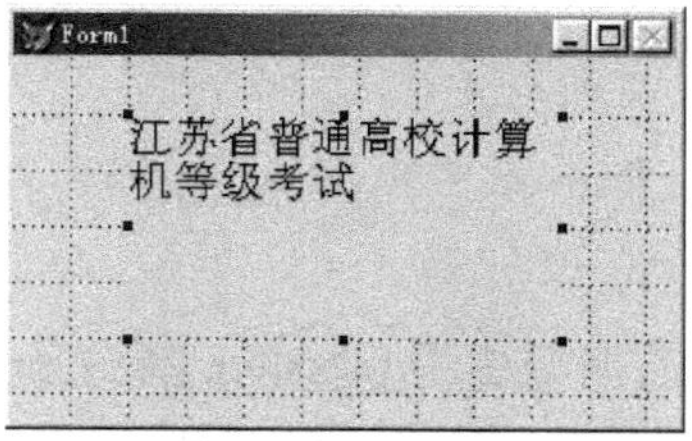

图 1-8-1　标签控件应用

（8）文本框的________属性值设置为“ * ”时，用户键入的字符在文本框内显示为“ * ”，但属性 Value 中仍保存键入的字符串；将文本框对象的________属性设置为. T. ，则表单运行时，该文本框可以获得焦点，但文本框中显示的内容为只读。

(9) 命令按钮组控件的命令按钮个数由________属性定义。在某表单运行时,表单上某个命令按钮的标题是灰色的,不能响应用户事件,则该命令按钮此时________属性值一定为.F.。

(10) 编辑框(EditBox)的用途与文本框(TextBox)相似,但编辑框除了可以编辑文本框能编辑的字段类型以外,还可以编辑________型字段。

(11) 在表单运行时,用 SETALL( )方法将表单中所有文本框对象的 ReadOnly 属性设置为.T.的命令是:

THISFORM.SETALL("ReadOnly",".T.",________)。

(12) 复选框控件只适用于________型数据和________型数据。

(13) 在表单设计器中设计表单时,如果从"数据环境设计器"中将表拖放到表单中,则表单中将会增加一个________对象。

(14) 某表单中有一个命令按钮,该命令按钮的 Click 事件过程代码中含有一条命令可以将该表单中的页框 pg1 的活动页面改为第三个页面,该命令是 ThisForm.pg1.________=3。

(15) 设 Label1 是某表单上的一个标签控件,则利用 Label1 控件显示系统日期和时间,可以在该表单的 Init 事件代码中使用语句 THISFORM.______________=TTOC(DATETIME())来实现。

(16) 为使刷新页框时同时刷新页框内各个页面,对页框的 Refresh 方法可添加如下代码:

```
n = This.________
For  i = 1   To   n
This.________.Refresh
EndFor
```

(17) 列表框对象的数据源由 RowSource 属性和______________属性决定。若要将列表框中的值与表中的某个字段绑定,则应利用其______________属性,列表框中选择的数据同时保存在其________属性里。

(18) 组合框有两种类型,分别为______________和______________。

(19) 某表单中含有一个命令按钮。若要求运行表单时,单击该命令按钮可以调用表单的 Init 事件中的全部程序代码,则需要在命令按钮的 Click 事件中写入语句____________________。

(20) 在某表单运行时，表单上某个命令按钮标题显示为“取消(X)”，则该命令按钮的 Caption 属性值为________。

(21) 在选项按钮组(Optiongroup1)上设定两个选项按钮，分别为 Option1 和 Option2，应设定其 ButtonCount 属性值为________。要将其用于显示表中性别字段(字符型)内容，内容为‘男’或‘女’，应分别设定 Option1 和 Option2 的________属性为"男"和"女"，并设定 Optiongroup1 的______________属性绑定该数据源。

(22) 某数据库中包含课程(kc)表和成绩(cj)表，课程表中含有课程代号(kcdh)、课程名(kcm)和学分(xf)等字段，成绩表中含有学号(xh)、课程代号(kcdh)和成绩(cj)等字段。已创建一个按课程代号查询学生成绩的表单，如图 1-8-2 所示。

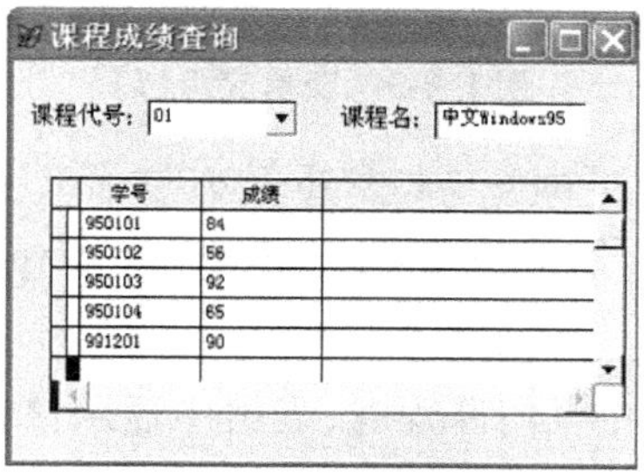

图 1-8-2　表单应用(1)

表单中下拉列表框(Combo1)的数据源设置如下：RowSourceType 属性为“6－字段”，RowSource 属性为“kc. kcdh”。

在下拉列表框中选择某一课程代号后，表格控件(Grid1)立即显示该课程所有学生的成绩，且在文本框(Text1)中显示该课程的课程名，则应在下拉列表框的________事件中编写如下代码：

```
SELECT kc
ThisForm. Text1. Value = kc. kcm
ThisForm. Grid1. RecordSource = "SELECT cj. xh,cj. cj FROM cj;
     WHERE cj. kcdh = ALLTRIM(THIS. Value) INTO  CURSOR  tmp"
ThisForm. Refresh
```

根据以上代码可判定，表格控件（Grid1）的 RecordSourceType 属性为________。

（23）某表单的数据环境中包含 kc 表和 cj 表，cj 表按 kcdh 字段已建立索引标识 cjkcdh。表单运行界面如图 1-8-3 所示。

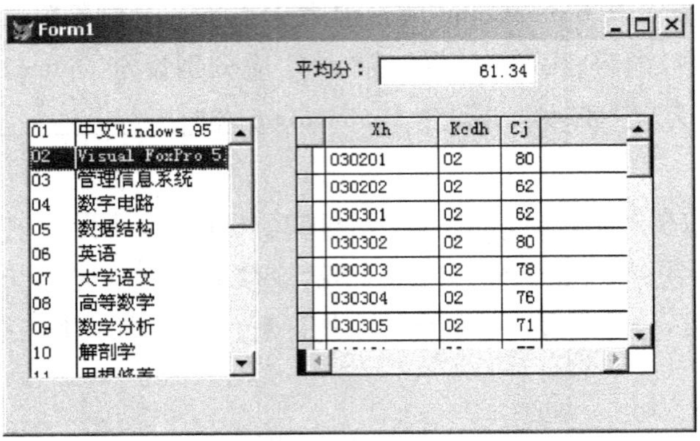

图 1-8-3　表单应用(2)

① 列表框的 BoundColumn 为 1，要求显示 kc 表的课程代号（kcdh）、课程名（kcm）和课时数（kss）字段，则列表框的 RowSourceType 属性值为“6（字段）”，RowSource 属性值为________。

② 若在列表框中选中某门课程时，表格中显示该课程的所有学生的成绩，且在文本框 text1 中显示该课程的平均分，则表格的 ChildOrder 属性为________，LinkMaster 属性为________，RelationExpr 属性为________。

列表框的 InteractiveChange 事件代码中应含有：

```
SELECT AVG(cj.cj)  FROM  cj;
  WHERE cj.kcdh = ________  INTO  ARRAY  t
THIS. ________.text1.Value = t
```

（24）某表单（fml）上有一个列表框（list1）、一个文本框（text1）和一个命令按钮（command1，其 Caption 属性为“添加”）。请完善命令按钮的 Click 事件代码以实现以下功能：在文本框 text1 中输入字符串，如果该字符串在列表框中不存在，就将该字符串插入列表框中，否则弹出对话框给出信息提示“该字符串已经存在，请重新输入”。运行表单时参考界面如图 1-8-4 所示。

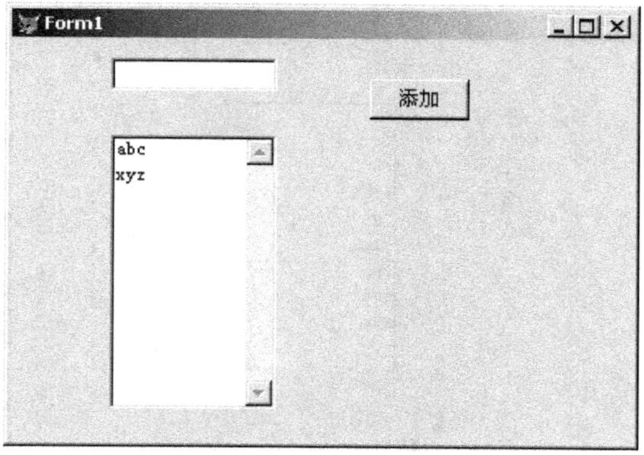

图 1-8-4　表单应用(3)

```
flag =0
FOR  n =1 TO  ThisForm. list1. ListCount
  IF ThisForm. list1. List( n) = ________________
     flag =1
  ENDIF
ENDFOR
IF flag =0
  ________________(THISFORM. text1. Value)
ELSE
  MESSAGEBOX("该字符串已经存在,请重新输入")
ENDIF
```

(25) 请完善图 1-8-5 中选项按钮组的 Click 事件代码,使其实现:在该表单运行时,单击选项按钮组中的某个选项按钮,则在右边的列表框中显示相应表的字段名信息。

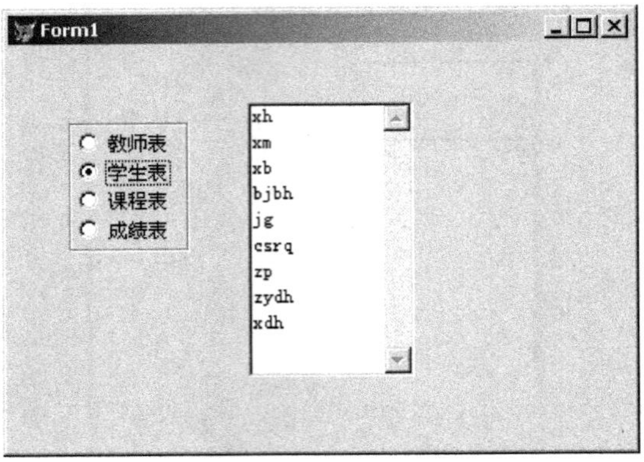

图 1-8-5　表单应用(4)

```
DO CASE
CASE This. Value =1
   x ="js"
CASE This. Value =2
   x ="xs"
CASE This. Value =3
   x ="kc"
CASE This. Value =4
   x ="cj"
ENDCASE
SELECT   &x
ThisForm. list1. ________________ =8
ThisForm. list1. RowSource = ________
ThisForm. Refresh
```

(26) 设有一个用于系统登录的表单,表单设计界面(即在表单设计器中显示)如图 1-8-6 所示。

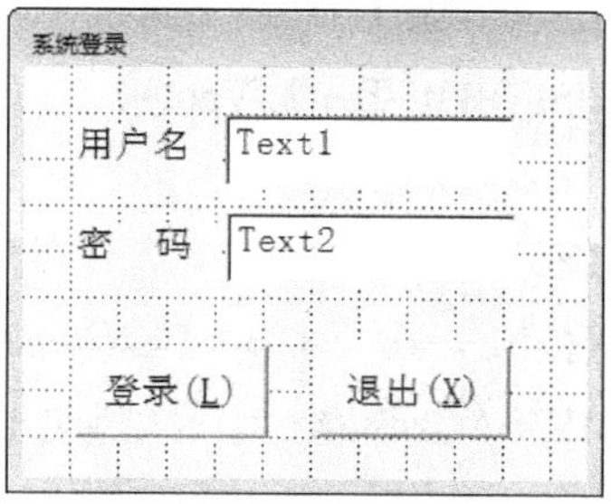

图 1-8-6　表单应用(5)

从图 1-8-6 可以看出：

① 该表单无控制图标和控制按钮，则表单的____________属性值必定为. F. 。

② 表单无关闭按钮，在"退出"命令按钮中必须包含关闭表单的语句。该语句为：_________ ThisForm。

(27) 下拉列表框(ComboBox)的 ColumnCount 属性用于设置列数，_________属性用于指定绑定的列号，即确定哪一列与该控件的 Value 属性绑定。

3. 扩充思考题

(1) 学生注册表单(form1)如图 1-8-7 所示，该表单中含有 3 个标签、2 个文本框(Text1 和 Text2)，1 个命令按钮组(包含 3 个按钮)，其功能是对学生信息进行注册：

① 若在学生注册(zc)表中已存在某学生的记录(学号已经存在)，说明该学生已注册过；若没有，则进行注册，即将该学生的信息存入学生注册表。

② 进行注册时(即按"确认"按钮时)，学号和姓名不能为空。

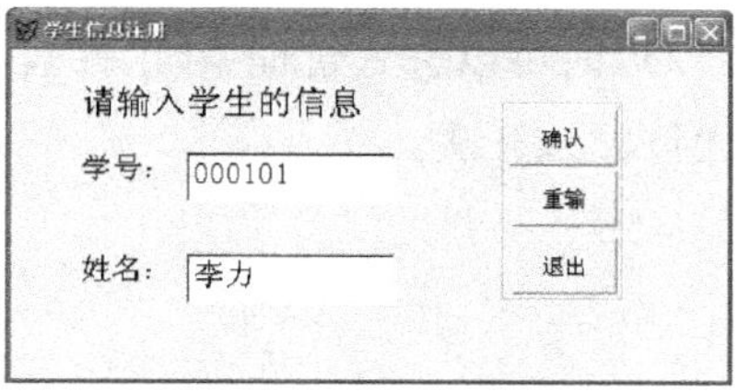

图 1-8-7　学生注册表单

请根据表单的功能要求，完善下列命令按钮组的 Click 事件代码：

```
ch1 = ALLT(THISFORM. Text1. Value)
ch2 = ALLT(THISFORM. Text2. Value)
DO  CASE
    CASE  THIS. VALUE = 1
      IF  LEN(ch1) =0   OR  LEN(ch2) =0
          = MESSAGEBOX("学号、姓名必须填写!")
      ELSE
          ________________ FOR  zc. xh = ch1
          IF  ! EOF()
              = MESSAGEBOX("此学生已注册,请重新输入!")
          ELSE
              INSERT  INTO  zc (xh,xm)  Values (ch1,ch2)
          ENDIF
      ENDIF
    CASE  THIS. Value = 2
      THISFORM. Text1. Value = ""
      THISFORM. Text2. Value = ""
      ____________________        && 使 Text1 文本框得到输入焦点
    CASE  THIS. Value = 3
      THISFORM. RELEASE
ENDCASE
```

（2）完善图 1-8-8 所示登录表单中“确认”按钮(command1)的 Click 事件代码,实现对用户名(text1)和口令字(text2)输入的验证。要求:“用户名”为“VFP”,同时口令字为“123”时可以进入管理系统,并且在用户名或口令字不正确时,用户名和口令字允许输入三次。

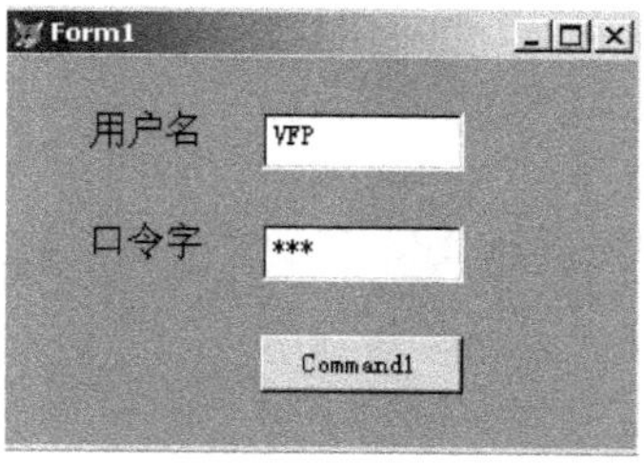

图 1-8-8　登录表单

```
IF ____________________ AND THISFORM. Text2. VALUE ="123"
    WAIT "欢迎使用本系统!" WINDOW TIMEOUT 2
    PASS = . T.
    THISFORM. RELEASE
ELSE
    N = N + 1
    IF N =3
        WAIT "用户名或口令字不对! 登录失败!" WINDOW
        THISFORM. RELEASE
      ELSE
        WAIT "用户名或口令字不对! 请重输!" WINDOW
      ENDIF
ENDIF
```

第9章　报　表

9.1　知识纲要

1. 报表类型与报表创建

（1）了解报表的概念、扩展名（.frx 和.frt）和类型（列报表、行报表、一对多报表、多列报表）。

（2）掌握使用报表向导和一对多报表向导创建报表。注意：利用向导创建报表时，最多可选 3 个索引字段作为记录的排列顺序。

（3）掌握报表不同带区（标题、列标头、页标头、组标头、细节、组注脚、页注脚、列注脚、总结）的使用和作用。

（4）掌握报表主要控件（标签控件、域控件、ActiveX 控件）的使用。

（5）掌握分组报表的创建。注意：创建前，应先设置数据环境中字段的 ORDER 属性，且分组时最多可以设置 3 个分组层次。

2. 报表的调用与修改

掌握报表的调用命令：

REPORT FORM <报表文件名> [PREVIEW][TO PRINTER][SUMMARY]

其中，PREVIEW 表示预览报表；TO PRINTER 表示打印报表；SUMMARY 表示只打印“总结”部分，忽略“细节”部分。

9.2　实训习题

1. 选择题

（1）报表文件的文件扩展名是________。

A. .frx 和.frt　　B. .frx 和.fpt

C. .fxp 和.fpt　　D. .fxp 和.frt

（2）Visual FoxPro 的报表文件.FRX 中保存的是________。

A. 打印报表的预览格式　　B. 打印报表本身

C. 报表的格式和数据　　D. 报表设计格式的定义

（3）报表样式有________种。

A. 2　　B. 3　　C. 4　　D. 5

（4）报表的常规类型有列报表、行报表、一对多报表和多栏报表，下列有关列报表和行报表的叙述中，正确的是________。

A. 列报表是指报表中每行打印一条记录；行报表是指每行打印多条记录

B. 列报表是指报表中每行打印多条记录；行报表是指每行打印一条记录

C. 列报表是指报表中每行打印一条记录；行报表是指多行打印一条记录

D. 列报表是指报表中每行打印多条记录；行报表是指多行打印一条记录

（5）下面不是报表布局常规类型的是________。

A. 列报表　　B. 行报表

C. 多对一报表　　D. 多栏报表

（6）报表的数据源可以是________。

A. 表或视图　　B. 表或查询

C. 表、查询或视图　　D. 表或其他报表

（7）下列关于报表的说法中，正确的是________。

A. 报表必须有别名

B. 报表的数据源不可以是视图

C. 报表的数据源不可以是临时表

D. 可以不设置报表的数据源

（8）在报表设计器中，报表最多可以分为________种不同类型的报表带区（如页标头区、细节区等）。

A. 3　　B. 5　　C. 7　　D. 9

(9) 在创建快速报表时,系统默认的基本带区包括________。

A. 标题、细节和总结　　B. 页标头、细节和页注脚

C. 组标头、细节和组注脚　　D. 报表标题、细节和页注脚

(10) 要创建快速报表,应当________。

A. 用热键　　B. 用快捷键　　C. 用事件　　D. 用菜单

(11) 如果想在报表中每个记录数据上端都显示该字段的标题,则将这些字段标题标签设置在________带区中。

A. 页标头　　B. 细节　　C. 页注脚　　D. 组标头

(12)利用报表向导创建报表时,最多可以选定________个字段作为报表数据的排序。

A. 1　　B. 2　　C. 3　　D. 4

(13) 为了在报表中打印当前时间,这时应该插入一个________。

A. 表达式控件　　B. 域控件　　C. 标签控件　　D. 文件控件

(14) 在报表设计中,关于报表标题,下列叙述中正确的是________。

A. 每页打印一次　　B. 每报表打印一次

C. 每组打印一次　　D. 每列打印一次

(15) 在报表设计中,可以使用的控件是________。

A. 标签、域控件和线条　　B. 标签、域控件或视图

C. 标签、文本框和列表框　　D. 布局和数据源

(16) 有报表文件 pp1, 在报表设计器中修改该报表文件的命令是________。

A. CREATE REPORT pp1　　B. MODIFY REPORT pp1

C. CREATE　pp1　　D. MODIFY　pp1

(17) 在 Visual FoxPro 系统中,报表上可以分为不同的带区,用户利用不同的报表带区控制数据在报表页面的打印位置。以下各项是报表的部分带区名,其中________只在报表的每一页上打印一次。

A. 总结　　B. 页标头　　C. 标题　　D. 细节

(18) 在 Visual FoxPro 中,在屏幕上预览报表的命令是________。

A. PREVIEW REPORT

B. REPORT FORM PREVIEW

C. DO REPORT PREVIEW

D. RUN REPORT PREVIEW

(19) 在 Visual FoxPro 中,运行报表文件 pp.FRX 可用命令________。

A. DO pp.FRX

B. DO FORM pp.FRX

C. REPORT FORM pp.FRX

D. REPORT pp.FRX

(20) Visual FoxPro 提供________种标准标签类型。

A. 28　　B. 56　　C. 86　　D. 3

(21) 可以用 REPORT 命令预览或打印报表。在下列有关该命令的叙述中,错误的是________。

A. 命令中可以通过 RANGE 短语指定处理的页面范围

B. PREVIEW 选项指定以页面预览模式显示报表

C. SUMMARY 选项指定只打印总计和分类总计信息

D. FOR 子句指定打印条件,满足条件的记录被输出

(22) 在下列有关报表设置的叙述中,错误的是________。

A. 定义报表的两个要素是报表的数据源和报表的布局

B. 报表的数据源只能是表

C. 报表布局的常规类型有列报表、行报表、一对多报表等

D. 标签实质上是一种多列布局的特殊报表

(23) 在 Visual FoxPro 中,报表的数据源不包括________。

A. 视图　　B. 自由表　　C. 库表　　D. 文本文件

2. 填空题

(1) 报表设计器中有 3 个基本的带区,分别为________、细节和页注脚带区。

(2) 在 Visual FoxPro 中可创建分组报表。系统规定,最多可以选择________层分组层次。

(3) 使用报表打印表中的数据,需在报表中将与表字段相关的控件放在报表中的________带区。

（4）为了在报表中插入一个文字说明，应该插入一个________控件。

（5）为修改已建立的报表文件，打开报表设计器的命令是____________。

（6）在 Visual FoxPro 中，不同的报表带区有不同的作用，主要表现在数据的处理方式和打印次数。在一个报表中最多可以有 9 种类型的带区，其中标题带区和________带区在每个报表中仅打印一次，它们与记录数、页数无关。

（7）在 Visual FoxPro 中，可以使用命令来预览报表文件。例如，使用下列命令可以预览报表文件 abc：________________ abc PREVIEW。

（8）若要在报表的每一页打印页码，可以在报表的页标头或页注脚带区中加入含有________（系统变量）的域控件。

（9）在使用报表向导创建报表时，如果数据源包括父表和子表，应该选取________报表向导。

第10章　菜单设计

10.1　知识纲要

1. 菜单的创建

（1）了解菜单的类型（快捷菜单、SDI菜单和普通菜单）和扩展名（.MNX，.MNT，.MPR和.MPX）。

（2）了解菜单的创建命令 CREATE MENU。

（3）熟练掌握菜单项的设计，包括菜单名称、结果和选项的设计。其中，访问键的设置为“\<”加字母，分组线的设置为：\-。注意区分主菜单、子菜单中结果选项的不同。

（4）掌握菜单项的启用或废止设置。注意：“跳过”文本框中逻辑表达式为.T.时表示废止菜单。

（5）掌握常规选项中“过程”“设置”“清理”等有关代码的设置。尤其要注意常规选项的“过程”代码与系统的“显示”菜单栏中的“菜单选项…”代码的不同。

（6）掌握快捷菜单的创建。注意在创建结束后要将快捷菜单附加到表单或控件中，并在要附加快捷菜单的控件的“RightClick Event”项中执行调用菜单的命令：DO 快捷菜单文件.MPR。

（7）掌握 SDI 菜单的创建，注意 SDI 菜单设计和普通菜单的不同。

（8）掌握 SDI 菜单调用：在顶层表单的 Init 事件中执行：DO <SDI菜单文件.MPR> WITH THIS，.T.。

2. 菜单的使用

（1）掌握菜单程序的生成。注意菜单运行只对.MPR文件有效。

（2）了解菜单的修改命令 MODIFY MENU。

（3）掌握菜单运行命令:DO　菜单名.MPR。注意命令中的扩展名.MPR不能省略。

（4）掌握 Visual FoxPro 系统菜单配置命令：

SET SYSMENU ON/OFF/AUTOMATIC/TO [DEFAULT]/SAVE/NOSAVE

重点掌握 Visual FoxPro 系统菜单恢复命令:SET　SYSMENU　TO　DEFAULT。

10.2 实训习题

1．选择题

（1）菜单设计器中,“插入栏”按钮的功能是________。

A．插入一栏菜单

B．插入一个系统菜单项

C．在当前菜单项之前插入一个新菜单项

D．在当前菜单项之后插入一个新菜单项

（2）下列关于“快速菜单”的说法,正确的是________。

A．快速菜单就是运行速度很快的菜单

B．快速菜单是菜单的一种类型

C．快速菜单是在设计菜单过程中利用系统菜单的一种方法

D．在菜单设计过程中,可以随时使用菜单中的“快速菜单”功能项

（3）选中菜单选项,希望系统执行一组命令,则在“结果”中选用________。

A．命令　　B．填充名称

C．子菜单　　D．过程

（4）假设已经生成了名为 mymenu 的菜单文件,执行该菜单文件的命令是________。

A．DO mymenu　　B．DO mymenu.mpr

C．DO mymenu.pjx　　D．DO mymenu.mnx

（5）在 Visual FoxPro 中,使用“菜单设计器”定义菜单,最后生成的菜单程序的扩展名是________。

A．.MNX　　B．.PRG　　C．.MPR　　D．.SPR

（6）在一个 Visual FoxPro 项目中可以选择一个文件设置为主文件,用它作为应用系统运行时的起点。在下列 4 种类型的文件中,不能够作为主文件的

是________。

A. 数据表　　B. 表单　　C. 菜单　　D. 程序

(7) 如果希望屏蔽系统菜单，可以使用命令________。

A. SET SYSMENU OFF

B. SET SYSMENU TO DEFAULT

C. SET SYSMENU TO

D. SET SYSMENU TO CLOSE

(8) 下列选项不属于菜单系统组成结构的是 ________。

A. 菜单标题　　B. 菜单栏

C. 菜单项　　D. 填充名称

(9) 在下列与项目设置、连编等操作相关的叙述中，错误的是________。

A. 在默认情况下，数据库与表在项目中处于排除状态，表单、菜单、程序处于包含状态

B. 系统总是将第一个创建的且可以设置为主程序的文件设置为默认的主程序

C. 在连编项目时，系统将检查是否存在语法错误

D. 将项目连编为可执行程序后，项目中所有的文件将被编译在该可执行文件中

(10) 扩展名为. mpr 的文件是________。

A. 菜单文件　　B. 菜单程序文件

C. 菜单备注文件　　D. 菜单参数文件

(11) 下列有关菜单和工具栏的叙述中，错误的是________。

A. Visual FoxPro 系统菜单是一个动态菜单系统，在针对不同类型的文件操作时系统会自动地调整菜单

B. 利用菜单设计器可以创建快捷菜单

C. 用户可以将一个菜单添加到自己设计的表单中

D. 在创建（设计）自定义工具栏时，所有可以添加到表单中的控件都可以添加到工具栏上

(12) 在 Visual FoxPro 的文件菜单中，CLOSE 命令是用来关闭________的。

A. 当前工作区中已打开的数据库

B. 所有已打开的数据库

C. 所有窗口

D. 当前活动的窗口

(13) 有一菜单文件 MAIN. MNX,运行该菜单的操作是________。

A. 执行命令 DO MAIN. MNX

B. 执行命令 DO MENU MAIN. MNX

C. 先生成菜单程序文件 MAIN. MPR,再执行命令 DO MAIN. MPR

D. 先生成菜单程序文件 MAIN. MPR,再执行命令 DO MENU MAIN. MPR

(14) 利用菜单设计器创建一个菜单后运行该菜单,则生成 4 个扩展名相关的文件。这 4 个文件中,编译后生成的文件是________。

A. MNX　　B. MNT　　C. MPR　　D. MPX

(15) 当选中菜单某个选项时,都会有一定的动作,这个动作可以是________。

A. 执行一条命令　　B. 执行一个过程

C. 激活另一个菜单　　D. 以上都可以

(16) 以下是与设置系统菜单有关的命令,其中错误的是________。

A. SET SYSMENU DEFAULT

B. SET SYSMENU TO DEFAULT

C. SET SYSMENU NOSAVE

D. SET SYSMENU SAVE

(17) 菜单设计中,可以在定义菜单名称时为菜单项指定一个访问键。规定了菜单项的访问键为“x”的菜单名称定义是________。

A. 综合查询\ < (x)　　B. 综合查询/ < (x)

C. 综合查询(\ < x)　　D. 综合查询(/ < x)

(18) 菜单设计器设计菜单时,使用的文件是________。

A. SCX 和 SCT　　B. NMX 和 MNT

C. PRG 和 PRN　　D. FRX 和 FRT

(19) 要查看菜单项所属的级别,可以单击菜单设计器右侧的________。

A. “菜单项”列表框　　B. “菜单级”列表框

C. “预览”按钮　　　　　　　　　　D. “结果”列表框

2. 填空题

(1) 弹出式菜单可以分组,插入分组线的方法是在“菜单名称”项中输入________两个字符。

(2) Visual FoxPro 的菜单可分为________和________。

(3) 若“打印”菜单项设置访问键 Alt + P,则“打印”菜单项的标题输入为________。

(4) 在菜单设计器中设置某一菜单(项)的“结果”,就是指定在选择该菜单(项)时发生的动作,即指定任务。可以设置的“结果”类型有命令、填充名称、________和过程。

(5) 要启用或废止菜单或菜单项,在“提示选项”对话框的________中输入一个逻辑表达式。表达式的值为________时,废止;值为________时,启用。

(6) 恢复 Visual FoxPro 系统的默认菜单,使用命令____________。

(7) 在 Visual FoxPro 中,可以作为项目主文件的文件类型有程序、表单、查询和________。

(8) 设计 SDI 菜单时,要将设计好的菜单与相应的表单联系起来,必须将表单的____________属性设置为“2 - 作为顶层表单”,并且在表单的________事件中,写入________________。

(9) Visual FoxPro 应用程序中一般要包含启动事件循环的命令和结束事件循环的命令,且启动事件循环的命令通常包含在主程序中,该命令为________EVENTS。

(10) 项目管理器的数据选项卡用于显示和管理数据库、查询和________。

(11) 将一个项目编译成一个应用程序时,如果应用程序中包含需要用户修改的文件,必须将该文件标为________。

(12) 若利用菜单设计器创建一菜单文件 mymenu 并运行之,则会在磁盘上保存________个文件,它们的主文件名相同但扩展名不同。

(13) 利用菜单设计器创建菜单时,可以在“常规选项”对话框中设置新建菜单的“位置”,即指定新建菜单与已有菜单系统(即 Visual FoxPro 系统菜单)之间的位置关系。“位置”共有 4 种选项,分别为替换、________、在……之前和在……之后。

（14）Visual FoxPro 系统中，菜单系统的结构分为 ________、菜单标题、菜单、菜单项。

3. 简答题

（1）简述快捷菜单设计的一般步骤。

（2）简述 SDI 菜单设计的一般步骤。

实训实验篇

实验一　VFP 变量数组运算符操作练习

实验目的和要求

通过本次实验，掌握 VFP 基本命令、变量和数组的操作、运算符的使用。

实验准备工作

(1) 插入 U 盘，在“我的电脑”窗口中，在 U 盘上新建文件夹 task。

(2) 运行 Visual FoxPro 6.0。

实验内容(分为基本操作题和扩充思考操作题)

1. 常用命令

在“命令”窗口中，分别输入并运行以下命令，观察结果：

(1) DIR　&& 显示当前目录下所有的扩展名为.DBF 的文件目录，结果如图 2-1-1 所示

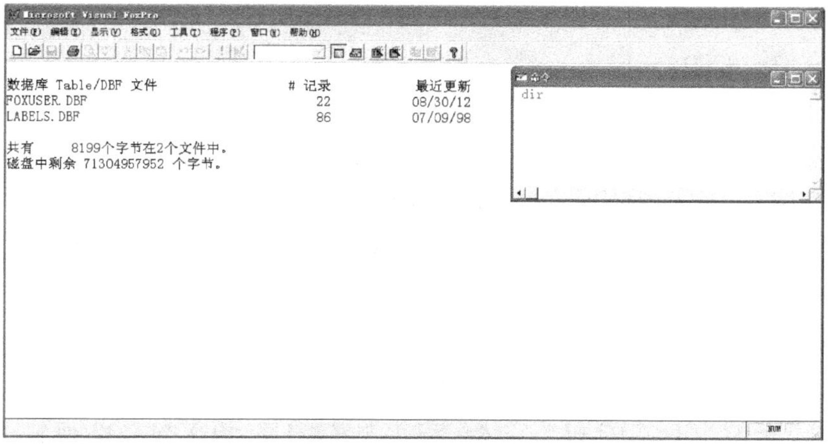

图 2-1-1　DIR 命令显示结果

(2) DIR D:\ *.*　　&& 显示 D 盘根目录下所有的文件目录

(3) COPY FILE labels. dbf TO xx. dbf　　&& 运行后再运行 DIR 命令查看结果

(4) RENAME xx. dbf TO yy. dbf　　&& 运行后再运行 DIR 命令查看结果

(5) DELETE FILE yy. dbf

(6) MD D:\new　　&& 在 D 盘根目录下创建一个新文件夹 new

(7) CD D:\new　　&& 改变当前默认目录为 D 盘根目录下的 new 文件夹

(8) DIR

(9) CD D:\　　&& 改变当前默认目录为 D 盘根目录

(10) RD D:\new　　&& 删除 D 盘下的文件夹 new

2. 常量、变量、数组和运算符的操作

(1) 单击“工具”下“选项”菜单项,选择“文件位置”页面,修改“默认目录”为自己 U 盘 task 文件夹。或者在“命令”窗口中输入并运行命令:

SET DEFAULT TO <U 盘盘符>:\task,例如,U 盘盘符为 G 盘,则运行命令:

SET DEFAULT TO G:\task

(2) 在“命令”窗口中,分别输入并运行以下命令,观察结果:

① STORE 12 +3 TO a1,a2,a3

② DISPLAY MEMORY LIKE a?

③ b1=1.3e5

④ b2='jiangsu'

⑤ b3= $200

⑥ b4=.F.

⑦ b5={09/12/2000}　　&& 运行后观察弹出的出错信息

⑧ b5={^2000/09/12}　　&& 重建变量 b5,按严格日期格式赋值

⑨ 单击“工具”下“选项”菜单项,选择“常规”页面,将严格日期格式设置为“关闭”。

⑩ b6 = {08/13/2001　9:12:12 pm}

⑪ DISPLAY MEMORY　　&& 观察显示内容

⑫ INPUT 'C1=' TO c1　　&& 运行后观察屏幕显示内容,输入:12,回车

⑬ INPUT 'C2=' TO c2　　&& 运行后观察屏幕显示内容,输入:.t.,回车

⑭ INPUT 'C3=' TO c3　　&& 运行后观察屏幕显示内容,输入:'abc',回车

⑮ ACCEPT 'C4=' TO c4　　&& 运行后观察屏幕显示内容,输入:15,回车

⑯ ACCEPT 'C5=' TO c5　　&& 运行后观察屏幕显示内容,输入:efd,回车

⑰ WAIT 'C6 =' TO c6　　&& 运行后观察屏幕显示内容,输入:1

⑱ WAIT 'C7=' TO c7　　&& 运行后观察屏幕显示内容,输入:a

⑲ DISPLAY MEMORY LIKE c?　　&& 观察变量类型和值

⑳ LIST MEMORY　　&& 观察显示内容和显示方式

㉑ DISPLAY MEMORY　　&& 观察显示内容和方式,与上面一条命令功能进行比较

㉒ ? a1,a2,b2,c4

㉓ ? a1+3,c1-2

㉔ ? b5

㉕ SET DATE TO BRITISH

㉖ ? b5

㉗ SET DATE TO LONG

㉘ ? b5

㉙ SET DATE TO USA

㉚ SET CENTURY ON

㉛ ? b5,b6

㉜ SET HOURS TO 24

㉝ ? b6

㉞ CLEAR　　&& 清屏

㉟ @10,10 SAY b2

㊱ CLEAR

㊲ RELEASE c2,a1

㊳ RELEASE ALL LIKE ?3

㊴ DISPLAY MEMORY　　&& 观察显示内容

㊵ ? b5

㊶ ?? a2

㊷ ?? b1

㊸ ? c4　　&& 观察显示内容,注意?和?? 显示内容的位置

㊹ SAVE TO memo

㊺ SAVE TO memo2 ALL LIKE c*

㊻ DIR *.mem &&观察显示内容

㊼ RELEASE ALL

㊽ DISPLAY MEMORY &&观察显示内容,注意是否还有内存变量

㊾ f1 = .T.

㊿ RESTORE FROM memo ADDITIVE

(51) DISPLAY MEMORY &&观察显示内容

(52) RELEASE ALL

(53) f2 =3

(54) RESTORE FROM memo

(55) DISPLAY MEMORY &&观察显示内容,注意变量 f2 是否还在,理解 ADDITIVE 的作用

(56) DIMENSION aa(3)

(57) DISPLAY MEMORY LIKE aa &&观察每个元素的类型和值

(58) ? aa &&只显示第一个元素的值

(59) aa(1)=1

(60) aa(2)=.T.

(61) aa(3)={08/12/2001}

(62) DISPLAY MEMORY LIKE aa &&观察每个元素的类型和值

(63) aac = aa &&将第一个元素的值赋给 aac

(64) DISPLAY MEMORY LIKE aa? &&观察变量和数组每个元素的类型和值

(65) aa = 'dsvdsvds'

(66) DISPLAY MEMORY LIKE aa &&观察每个元素的类型和值

(67) DIMENSION bb(2,3)

(68) DISPLAY MEMORY LIKE bb &&观察每个元素的类型和值

(69) RELEASE ALL

(70) ? 2 +3 *4/2 -1

(71) ? 3^2,5^2

(72) ? 12%3

(73) ? 13%4, -13%-4, -13%4,13%-4

(74) a1 = 'asd'

⑮ a2 ='124'

⑯ a3 =a1+a2

⑰ a4 =a1-a2

⑱ DISPLAY MEMORY LIKE a?

⑲ ? a1$a3

⑳ a1='ab'

㉑ a2='ABCD'

㉒ ? a1$a2 && 注意结果,字符串比较的时候要区分大小写

㉓ b1={12/3/1999}+3

㉔ DISPLAY MEMORY LIKE b? && 注意类型

㉕ b2 ={12/3/1999}-5

㉖ DISPLAY MEMORY LIKE b? && 注意类型

㉗ b3 =b1-b2

㉘ DISPLAY MEMORY LIKE b? && 注意类型

㉙ c1={11/12/2000 10:0:0 am}

㉚ c2=c1+10

㉛ c3=c1-10

㉜ c4=c2-c3

㉝ DISPLAY MEMORY LIKE c? && 注意类型

㉞ d1=.T.

㉟ d2=.F.

㊱ ? d1 and .T.

㊲ ? d2 and .T.

㊳ ? d1 and .F.

㊴ ? d2 and .F.

㊵ ? d1 or .T.

㊶ ? d2 or .T.

㊷ ? d1 or .F.

㊸ ? d2 or .F.

㊹ ? not d1

(105) ? not d2

(106) ? 12 >3

(107) ? 12 <3

(108) e1='abc'

(109) ? e1='abc'

(110) ? e1='Abc'

(111) ? 12#13

(112) ? 'abcd' < >'abce'

(113) SET EXACT OFF

(114) ? 'abcd' ='ab'

(115) ? 'abcd' =='ab'

(116) ? 'abc   ' ='abc'

(117) ? 'abc' ='abc'

(118) SET EXACT ON   && 观察 ON 和 OFF 状态下的结果有何异同

(119) ? 'abcd' ='ab'

(120) ? 'abcd' =='ab'

(121) ? 'abc   ' ='abc'

(122) ? 'abc' ='abc'

3. 扩充思考操作题

在“命令”窗口中,运行命令完成以下功能:

(1) 显示 D 盘根目录下所有扩展名为. txt 的文件目录。

(2) 在 D 盘根目录下创建一个新文件夹 dVisual FoxPro。

(3) 创建一个内存变量,变量名为 cSchool,字符型,内容为“江苏大学”。

(4) 创建一个内存变量,变量名为 dDate,日期型,日期为 2017 年 1 月 12 日。

(5) 清除所有内存变量,并检查是否已经全部删除

(提示:检查用命令 DISPLAY MEMORY)。

实验二　常用函数操作练习

实验目的和要求

通过本次实验,掌握常用函数的使用方法。

实验准备工作

单击“工具”下的“选项”菜单项,选择“常规”页面,将严格日期格式设置为“关闭”。

实验内容

1. 常用函数的使用

(1) INT( ):取一个数值型表达式的整数部分。

语法:INT(数值表达式)

返回值:数值型。

```
?    INT(12.5)                  && 结果为
?    INT(6.25 * 2)              && 结果为
?    INT(-12.5)                 && 结果为
STORE  -12.5 TO gnnumber
? INT(gnnumber)                 && 结果为
```

(2) ALLTRIM( ):去掉字符型表达式开头和结尾的空格。

语法:ALLTRIM(字符表达式)

返回值:字符型。

LTRIM( ):去掉字符串左边(首部)的空格。

语法:LTRIM(字符表达式)

返回值:字符型。

RTRIM( ):去掉字符串右边(尾部)的空格。

语法:RTRIM(字符表达式)

返回值:字符型。

TRIM( ):同 RTRIM( )。

```
cstring =″   Visual FoxPro   ″          && 注意字符串里前后各有 3 个空格
cstringa = ALLTRIM(cstring)
cstringb = LTRIM(cstring)
cstringc = RTRIM(cstring)
cstringd = TRIM(cstring)
DISPLAY MEMORY LIKE cstring?     && 显示结果为
```

(3) LEN( ):返回一个字符串的长度。

语法:LEN(字符表达式)

返回值:数值型。

```
a1 =′  ABCDE123  4  ′  && 注意字符串里 A 之前、3 和 4 之间以及 4 后面各有两个空格
?  LEN(a1)                 && 返回结果为
?  LEN(ALLTRIM(a1))        && 返回结果为
?  LEN(TRIM(a1))           && 返回结果为
```

(4) AT( ):返回字符串 1 在字符串 2 中首次或第 *n* 次出现的位置。如字符串 1 不是字符串 2 的子串,则返回 0。

语法:AT(字符串 1, 字符串 2 [,n])

返回值:数值型。

ATC( ):返回字符串 1 在字符串 2 中首次出现的位置。字母不分大小写。其他同 AT( )。

```
STORE 'Now is the time for all good men' TO string  && 注意字符串里字母大小写
STORE 'i' TO find
?  AT(find, string)          && 结果为
?  AT(find, string, 2)       && 结果为
STORE 'IS' TO find           && 注意字符串里字母大小写
?  AT(find,string)           && 结果为
?  ATC(find,string)          && 结果为
```

(5) LEFT( ):返回一个字符表达式结果左边的若干字符。

语法:LEFT(字符表达式,数值表达式)

返回值:字符型。

RIGHT( ):返回一个字符串右边的若干字符。

语法:RIGHT(字符表达式,数值表达式)

返回值:字符型。

SUBSTR( ):在一个字符串中从指定位置起返回给定长度的子串。如果省略长度,则一直截取到字符串末尾。

语法:SUBSTR(字符表达式,起点位置[,长度])

返回值:字符型。

```
a2 ='Redmond, WA'
?    LEFT(a2,2)                       && 结果为
?    RIGHT(a2,2)                      && 结果为
?    SUBSTR(a2,1,3)                   && 结果为
?    SUBSTR(a2,6)                     && 结果为
```

(6) SPACE( ):返回一定数量的空格组成的字符串。

语法:SPACE(数值表达式)

返回值:字符型。

```
a3 =SPACE(5)
?    'AB'+SPACE(2)+'CD'+a3+'QWE'      && 结果为
```

(7) DATE( ):返回系统当前日期。

语法:DATE( )

返回值:日期型。

```
?    DATE( )                          && 结果为
```

(8) DATETIME( ):返回系统当前日期时间。

语法:DATETIME( )

返回值:日期时间型。

```
?    DATETIME( )                      && 结果为
```

(9) YEAR( ):返回一个日期(时间)型数据中的年份。

语法:YEAR(日期表达式|日期时间表达式)

返回值:数值型。

```
?    YEAR(DATE ( ))                              && 结果为
?    YEAR({10/01/2001})                          && 结果为
?    YEAR(DATETIME( ))                           && 结果为
```

(10) DOW( ):以序号形式返回一个日期是星期几,星期天为 1,星期一为 2,依次类推。

语法:DOW(日期表达式|日期时间表达式)

返回值:数值型。

```
?    DOW(DATE( ))                                && 结果为
```

(11) TIME( ):以 24 小时制返回系统时间

语法:TIME( )

返回值:字符型。

```
?    '现在时间是:' + TIME( )                      && 结果为
```

(12) DTOC( )|TTOC( ):将日期型或日期时间型转换成字符型。

语法:DTOC(日期表达式 [, 1])

TTOC(日期时间表达式[, 1|2])

返回值:字符型。

```
?    DTOC({10/31/95})                            && 返回结果为
?    DTOC({10/31/95},1)                          && 返回结果为
?    TTOC(DATETIME( ))                           && 返回结果为
?    TTOC(DATETIME( ),1)                         && 返回结果为
?    TTOC(DATETIME( ),2)                         && 返回结果为
```

(13) STR( ):将数值型转换成字符型。如果省略小数位数,四舍五入到个位再转换;如果省略长度和小数位数,则四舍五入到个位,只将整数部分转换成字符串且默认长度为 10,不足 10 的左边添加空格;如果长度不足整数部分转换后的字符串长度,则返回指定长度的 * 字符串。

语法:STR(数值表达式[,长度[,小数位数]])

返回值:字符型。

```
nvar = 123456789.556
nvara = STR(nvar)
```

```
nvarb = STR(nvar,9)
nvarc = STR(nvar,2)
nvard = STR(nvar,11,1)
nvare = STR(nvar,12,2)
DISPLAY MEMORY LIKE nvar?        && 观察显示结果,注意各个变量的长度
```

(14) TYPE( ):返回一个常量、变量或表达式的值的数据类型。

语法:TYPE(字符表达式)

返回值:字符型。

说明:结果以数据类型的缩写字母表示。

```
?    TYPE("(12 * 3)-4")                    && 返回结果为
?    TYPE("DATE( )")                       && 返回结果为
?    TYPE(".T.")                           && 返回结果为
?    TYPE("ABC")       && 返回结果为 U,表示这个变量未定义
x1=12
?    TYPE('x1')                            && 结果为
x1 =.NULL.
?    TYPE('x1')       && 返回结果为 X,表示这个变量当前值为空值
```

(15) VARTYPE( ):测试表达式的值(注意和 TYPE( )的区别)。

语法:VARTYPE(表达式)

返回值:字符型(C,N,L,U,X 等)。

```
?    VARTYPE(1223)                         && 结果为
?    VARTYPE('123')                        && 结果为
?    VARTYPE(ABC)      && 返回结果为 U,表示这个变量未定义
x1 =12
?    VARTYPE(x1)                           && 结果为
x1 =.NULL.
?    VARTYPE(x1)       && 返回结果为 X,表示这个变量当前值为空值
?    VARTYPE(x1,.T.)     && 返回结果为 N,表示这个变量的类型仍然为数值型
```

(16) IIF( ):如果条件成立(即逻辑表达式的值为真),则函数结果返回第一个表达式的值,否则返回第二个表达式的值。

语法:IIF(逻辑表达式,表达式 1,表达式 2)

返回值:字符型、数值型、日期型、日期时间型、货币型。

```
a = 7
b = 8
?   IIF(a > b,'真','假')              && 结果为
?   IIF(a < b,'真','假')              && 结果为
?   IIF(17 > b,'真','假')             && 结果为
```

(17) MESSAGEBOX( ):显示一个对话框,等待用户选择按钮,并根据不同按钮返回对应的数字值(注意函数名不能简写前四个字母)。注意,对话框中的提示信息内容和对话框标题内容都要加字符串界限符。

语法:MESSAGEBOX(提示信息内容[,按钮及图标类型对应的数字[,标题文本]])

返回值:数值型。

```
sure = MESSAGEBOX('您真的要退出?',4 + 32 + 0,'对话窗口') && 选择按钮“是”
? sure
sure = MESSAGEBOX('您真的要退出?',4 + 32 + 0,'对话窗口') && 选择按钮“否”
? sure
```

(18) EMPTY( ):测试一个表达式的值是否为空。对字符型而言,空串和空格串为空;数值型、整型、浮点型、双精度型及货币型中 0 即为空;空日期和空日期时间也是空。

语法:EMPTY(表达式)

返回值:逻辑型。

```
?   EMPTY(123)                        && 结果为
?   EMPTY(" ")                        && 结果为
?   EMPTY({//})                       && 结果为
?   EMPTY(0)                          && 结果为
```

(19) ISBLANK( ):测试一个表达式的值是否为空。注意其与 EMPTY( )的区别,对数值型、浮点型,值为 0 时结果为假。

语法:ISBLANK(表达式)

返回值:逻辑型。

? ISBLANK(0) && 结果为

? ISBLANK(" ") && 结果为

? ISBLANK({//}) && 结果为

(20) FILE( ):测试是否存在指定的文件。

语法: FILE(文件名)

返回值:逻辑型。

? FILE("memo1.mem") && 结果为

2. 扩充函数的使用

(1) ABS( ):返回一个数值表达式的绝对值。

语法:ABS(数值表达式)

返回值:数值型。

? ABS(5),ABS(-5) && 返回结果均为

(2) ROUND( ):返回一个在指定小数位上四舍五入后的数。

语法:ROUND(数值表达式,小数位)

返回值:数值型。

? ROUND(1254.1962, 3) && 结果为

? ROUND(1254.1962, 2) && 结果为

? ROUND(1254.1962, 0) && 结果为

? ROUND(1254.1962, -1) && 结果为

? ROUND(1254.1962, -2) && 结果为

? ROUND(1254.1962, -3) && 结果为

(3) RAND( ):返回一个 0 ~ 1 之间的随机数。

语法:RAND( )

返回值:数值型。

? RAND( ) && 结果为

? RAND( ) && 结果为

? RAND( ) && 结果为

(4) SQRT( ):返回数值表达式的值的平方根(正根)。

语法:SQRT(数值表达式)

返回值:数值型。

?　SQRT(4)　　&& 结果为

(5) MAX( ):返回若干个表达式中的最大值。

语法:MAX(表达式1,表达式2[,表达式3…])

返回值:字符型、数据值、日期(时间)型、货币型、双精度型。

说明:各表达式的数据类型必须一致。

?　MAX(1, -3,5,2 +4)　　&& 结果为

?　MAX('A','C','H')　　&& 结果为

(6) MIN( ):返回若干个表达式中的最小值。

语法:MIN(表达式1,表达式2[,表达式3…])

返回值:字符型、数据值、日期(时间)型、货币型、双精度型。

说明:各表达式的数据类型须一致。

?　MIN(1, -3,5,2 +4)　　&& 结果为

?　MIN('A','C','H')　　&& 结果为

(7) MOD( ):计算一个数值表达式除以另一个数值表达式后所得的余数。

语法:MOD(被除数,除数)

返回值:数值型。

?　MOD(18,5)　　&& 结果为

?　MOD(18, -5)　　&& 结果为

?　MOD(-18, -5)　　&& 结果为

?　MOD(-18,5)　　&& 结果为

(8) DAY( ):返回一个日期(时间)型表达式中的"日"。

语法:DAY(日期表达式|日期时间表达式)

返回值:数值型。

?　DAY({10/01/2001})　　&& 结果为

?　DAY(DATE( ))　　&& 结果为

(9) MONTH( ):返回一个日期(时间)表达式中的月份。

语法:MONTH(日期表达式|日期时间表达式)

返回值:数值型。

?　MONTH(DATE( ))　　&& 结果为

(10) CDOW( ):以字符的形式返回日期(时间)型表达式是星期几。

语法:CDOW(日期表达式|日期时间表达式)

返回值:字符型。

```
dVar = {10/01/2001}
?    CDOW(dVar)                          && 结果为
```

(11) CMONTH( ):以字符的形式返回日期(时间)型表达式的月份。

语法:CMONTH(日期表达式|日期时间表达式)

返回值:字符型。

```
?    CMONTH({10/01/2001})                && 结果为
```

(12) ASC( ):返回字符串左边第一个字符的 ASCII 值。

语法:ASC(字符表达式)

返回值:数值型。

```
?    ASC('abcdef')                       && 返回结果为
```

(13)CHR( ):返回给定 ASCII 值所对应的字符。

语法:CHR(ASCII 值)

返回值:字符型。

```
?    CHR(65)                             && 返回结果为
```

(14) VAL( ):将字符型的数字转换成数值。

语法:VAL(字符表达式)

返回值:数值型。

```
STORE '12' TO a
STORE '13' TO b
?    VAL(a) + VAL(b)                     && 返回结果为
STORE '1.25E3' TO c
?    VAL(c)                              && 返回结果为
?    VAL('AB123')                        && 返回结果为
?    VAL('123AB34')                      && 返回结果为
```

(15) CTOD( )|CTOT( ):将字符型转成日期型或日期时间型。

语法:CTOD(字符表达式)

　　　CTOT(字符表达式)

返回值:日期型或日期时间型。

```
STORE '7/4/1776' TO d3
?   TYPE('CTOD(d3)')                          && 返回结果为
```

(16) BETWEEN( ):返回一个表达式的值是否在两个给定的值之间。

语法:BETWEEN(eTestValue, eLowValue, eHighValue)

返回值:逻辑型或 NULL。

说明:3 个参数的数据类型必须相同。

```
?   BETWEEN(8,10,9)                           && 返回结果为
?   BETWEEN({2/14/2000},{1/1/1999},{1/1/2001})  && 返回结果为
```

(17) GETCOLOR( ):打开系统的"颜色"对话框。结果是一颜色值。

语法:GETCOLOR( )

返回值:数值型。

```
?   GETCOLOR( )                               && 选择红色,返回值为
```

(18) GETFILE( ):打开系统的"打开"对话框。结果为选定的文件及其路径。

语法:GETFILE( )

返回值:字符型。

```
?   GETFILE( )
```

(19) LOWER( ):将字符串所有的大写字母转换成小写。

语法:LOWER(字符表达式)

返回值:字符型。

```
?   LOWER('ABCDbnm')                          && 结果为
```

(20) UPPER( ):将字符串中小写字母转换成大写字母。

语法:UPPER(字符表达式)

返回值:字符型。

```
?   UPPER('ABCDbnm')                          && 结果为
```

(21) 其他扩充函数。(STUFF( )、FLOOR( )、CEILING( )、LIKE( )、INKEY( )、OCCURS( )、ISNULL( )等)

```
?   STUFF('ASDBF12DF',6,2,'QQQQ')             && 结果为
?   STUFF('ASDBF12DF',6,2,"")                 && 结果为
?   FLOOR(2.3)                                && 结果为
?   FLOOR(-2.3)                               && 结果为
```

```
?    CEILING(2.3)                          && 结果为
?    CEILING(-2.3)                         && 结果为
?    LIKE('AB*','ABEDF')                   && 结果为
?    LIKE('AB?','ABEDF')                   && 结果为
?    LIKE('ABCD','AB?')                    && 结果为
?    INKEY(0)                              && 按回车键,显示结果为
?    OCCURS('A','ABEADAF')                 && 结果为
?    ISNULL(.NULL.)                        && 结果为
?    ISNULL(0)                             && 结果为
```

3. 扩充思考操作题

在“命令”窗口中,运行命令完成以下功能:

(1) 建一个字符型内存变量 c1,其值为字符串'ASDBF12DF '(末尾有两个空格)。

(2) 建一个字符型内存变量 c2,其值为 c1 截去末尾空格后的字符串。

(3) 建一个数值型内存变量 c3,其值为 c2 字符串的长度值。

(4) 建一个字符型内存变量 c4,其值为 c2 右边两个字符组成的字符串。

(5) 建一个字符型内存变量 c5,其值为 c2 左边两个字符组成的字符串。

(6) 建一个字符型内存变量 c6,其值为 c2 中第 2 个字符到第 4 个字符组成的字符串。

(7) 建一个日期型内存变量 c7,其值为{12/02/2017}。

(8) 建一个数值型内存变量 c8,其值为 c7 的年份数值。

(9) 建一个字符型内存变量 c9,其值由 c7 转换后得到字符串'20171202'。

(10) 建一个数值型内存变量 c10,其值为 123.56。

(11) 建一个字符型内存变量 c11,其值由 c10 转换后得到字符串'124'(注意要使用 STR( )和 ALLTRIM( )或者 LTRIM( )函数)。

(12) 使用 DISPLAY MEMORY LIKE 命令显示内存变量 c1 ~ c11。

实验三　表结构的创建、修改和记录的输入

实验目的和要求

通过本次实验，分别掌握用表设计器和 SQL 命令建立、修改表的结构，并插入记录。掌握项目文件的创建。

实验准备工作

（1）插入 U 盘，单击“工具”下的“选项”菜单项，选择“文件位置”页面，修改“默认目录”为 U 盘的 task 文件夹。

（2）单击“工具”下的“选项”菜单项，选择“区域”页面，在“年份”前打钩（即设置 CENTURY 为 ON）。

实验内容

1. 用 Visual FoxPro 的相关命令来建立、修改表的结构、插入记录

在“命令”窗口中，输入并运行以下命令，观察结果。

① CREATE kc && 打开表设计器创建课程基本情况表 kc.dbf，表结构如表 2-3-1 所示

表 2-3-1　kc 表字段

字段名	类型及宽度	字段含义
kch	C/3	课程号
kcm	C/18	课程名
xf	N/2	学分
ksk	L	是否考试课程

② 输入指定字段信息如图 2-3-1 所示，单击“确定”按钮后出现如图 2-3-2 所示提示窗口，单击“是(Y)”，进入数据编辑窗口输入记录；也可以单击“显示”

菜单下的“浏览”，在浏览窗口中输入记录，输入数据如图 2-3-3 所示。

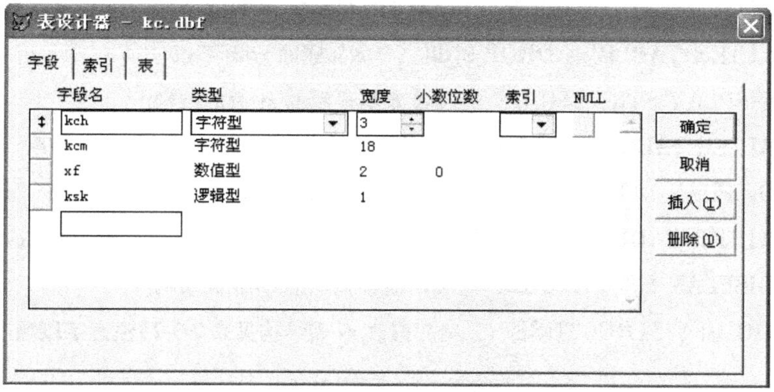

图 2-3-1　kc 表结构

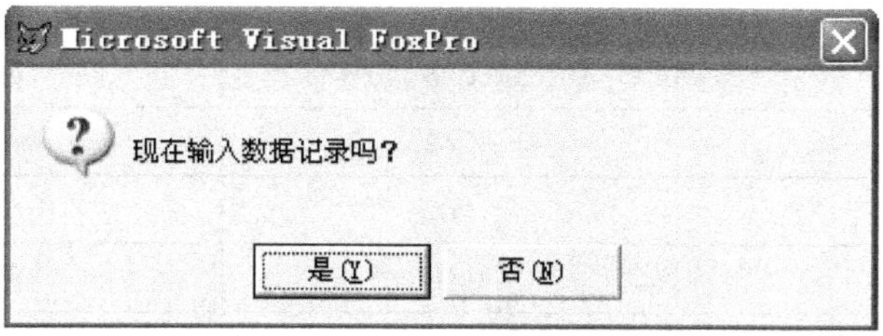

图 2-3-2　选择是否立即输入数据

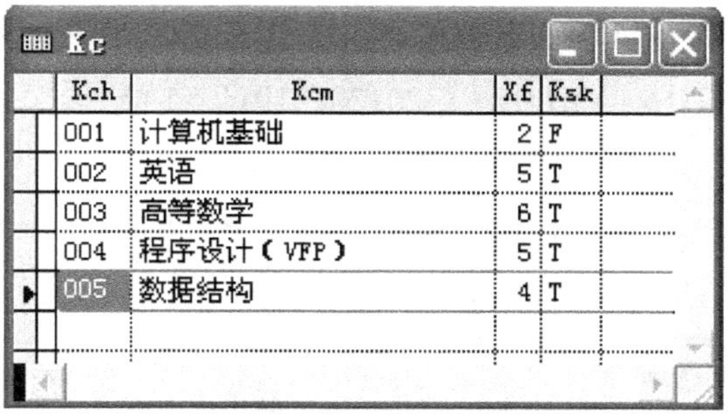

图 2-3-3　kc 表记录内容

2. 用 SQL 的相关命令来建立、修改表文件的结构、插入记录

(1) 在“命令”窗口中，分别输入并运行以下命令，观察结果。

① CREATE TABLE xs(xh C(10),xm C(6),xb C(2),zydh C(2),;

jg C(14),rxcj N(5,1),hf L)

② DISPLAY STRUCTURE　　&& 观察显示的 xs 表的结构

③ ALTER TABLE xs DROP zydh　　&& 删除 zydh 字段

④ DISPLAY STRUCTURE　　&& 观察显示的 xs 表的结构

⑤ ALTER TABLE xs ADD rq D ALTER rxcj N(3)&& 添加 rq 字段,修改 rxcj 的宽度

⑥ DISPLAY STRUCTURE　　&& 观察显示的 xs 表的结构

⑦ ALTER TABLE xs RENAME rq TO csrq　　&& 把 rq 字段名改为 csrq

⑧ DISPLAY STRUCTURE　　&& 观察显示的 xs 表的结构

⑨ MODIFY STRUCTURE　　&& 修改 xs 表结构见表 2-3-2(注意字段顺序)

表 2-3-2　xs 表字段

字段名	类型及宽度	字段含义
xh	C/10	学号
xm	C/6	姓名
xb	C/2	性别
csrq	D	出生日期
jg	C/14	籍贯
rxcj	N/3	入学成绩
hf	L	婚否

(2) 在"命令"窗口中,分别输入并运行以下命令,观察结果。

① INSERT INTO xs VALUES ('2012010101','王鹏',;
　　'男',{^1993/06/04},'上海',350,.F.)

② DISPLAY ALL　　&& 观察显示的 xs 表的记录内容

③ INSERT INTO xs (xh,xm,xb,csrq,rxcj,hf) VALUES ('2012010102',;
　　'高天祥','男',{^1988/01/01},329,.T.)

④ DISPLAY ALL　　&& 观察显示的 xs 表的记录内容

⑤ INSERT INTO xs VALUES ('2012010201','张梅',;
　　'女',{^1993/03/14},'江苏南京',360,.F.)

⑥ DISPLAY ALL　　&& 观察显示的 xs 表的记录内容如图 2-3-4 所示

记录号	XH	XM	XB	CSRQ	JG	RXCJ	HF
1	2012010101	王鹏	男	06/04/1993	上海	350	.F.
2	2012010102	高天祥	男	01/01/1988		329	.T.
3	2012010201	张梅	女	03/14/1993	江苏南京	360	.F.

图 2-3-4　xs 表记录内容

3. 用项目管理器来建立\修改表文件的结构、浏览记录

(1) 创建项目文件

① 在“文件”菜单下单击“新建”。

② 选择“项目”选项，单击“新建文件”，输入项目文件名 xkxt，单击“保存”进入如图 2-3-5 所示的项目管理器，同时 U 盘的 task 文件夹中生成 xkxt. pjx 和 xkxt. pjt 两个文件。

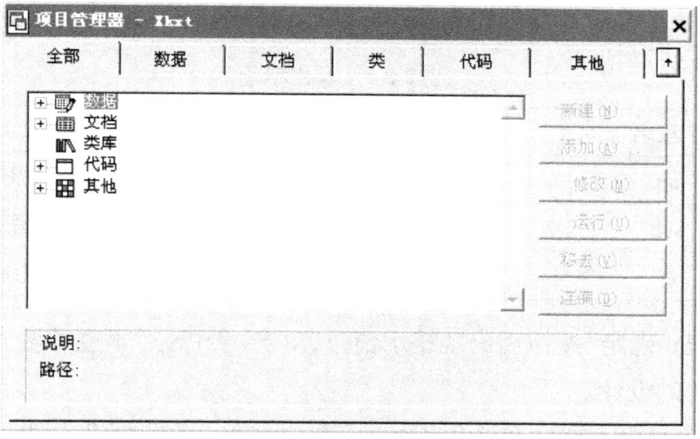

图 2-3-5　项目管理器

(2) 在项目中创建表并输入记录内容

① 在项目管理器中单击“数据”选项卡，单击“自由表”，再单击右边“新建”按钮，在对话框里单击“新建表”，进入创建窗口，在“输入表名”右边文本框中输入：cj，单击“保存”按钮，进入表设计器，输入字段信息后如图 2-3-6 所示。

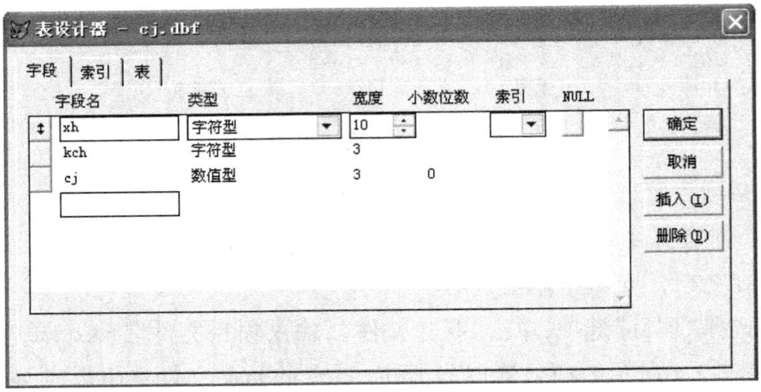

图 2-3-6　cj 表结构

注意:通过表设计器创建的 cj. dbf(成绩表)结构如表 2-3-3 所示。

表 2-3-3　cj 表字段

字段名	类型及宽度	字段含义
xh	C/10	学号
kch	C/3	课程号
cj	N/3	成绩

② 单击"确定"按钮后出现提示窗口,单击"否(N)"不立即输入数据记录,完成表结构的设计。

③ 在项目管理器中单击"自由表"左边加号,选择"cj"文件,再单击右边"浏览"按钮,打开浏览窗口,单击"显示"菜单下的"追加方式",可以添加多条记录。记录内容如图 2-3-7 所示。

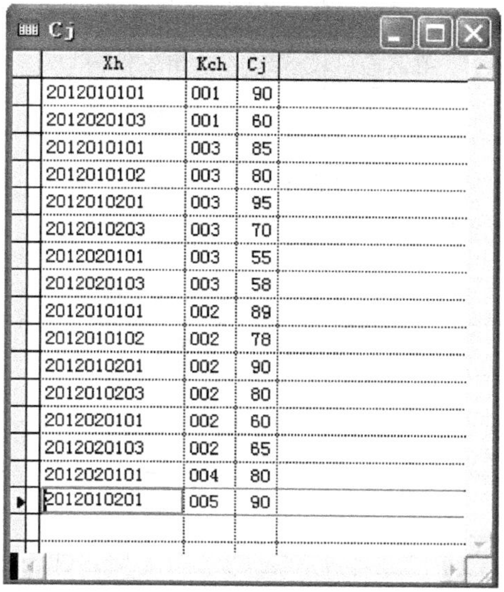

Xh	Kch	Cj
2012010101	001	90
2012020103	001	60
2012010101	003	85
2012010102	003	80
2012010201	003	95
2012010203	003	70
2012020101	003	55
2012020103	003	58
2012010101	002	89
2012010102	002	78
2012010201	002	90
2012010203	002	80
2012020101	002	60
2012020103	002	65
2012020101	004	80
2012010201	005	90

图 2-3-7　cj 表记录

4. 扩充思考操作题

（1）在“命令”窗口中，运行 CREATE TABLE - SQL，ALTER TABLE - SQL 和 INSERT - SQL 命令完成以下功能：

① 创建一个自由表 employee. dbf，结构如表 2-3-4 所示。

表 2-3-4　employee 表字段

字段名	类型及宽度	字段含义	是否允许接收空值
emp_id	C/3	员工号	
name	C/8	姓名	
birth_date	D	出生日期	√
picture	G	照片	
note	M	简历	
gender	L	性别	

② 删除字段 note。

③ 把字段 picture 改名为 photo。

④ 添加一条记录，记录内容如表 2-3-5 所示。

表 2-3-5　employee 表记录

员工号	姓名	出生日期	性别
101	吴英	{^1998/12/23}	.F.

（2）在项目 xkxt 中创建自由表 Category. dbf 和 Food. dbf 并输入记录内容。结构和记录内容见表 2-3-6、表 2-3-7、图 2-3-8、图 2-3-9。

表 2-3-6　Category 表字段

字段名	类型	宽度	是否允许接收空值
categ_id	C	10	
categ_name	C	20	
categ_no	N	4	
comment	M	4	√

表 2-3-7　Food 表字段

字段名	类型	宽度	是否允许接收空值
food_name	C	15	
food_id	C	20	
categ_id	C	10	
price	N	10	
company	C	20	
pd_date	D	8	√

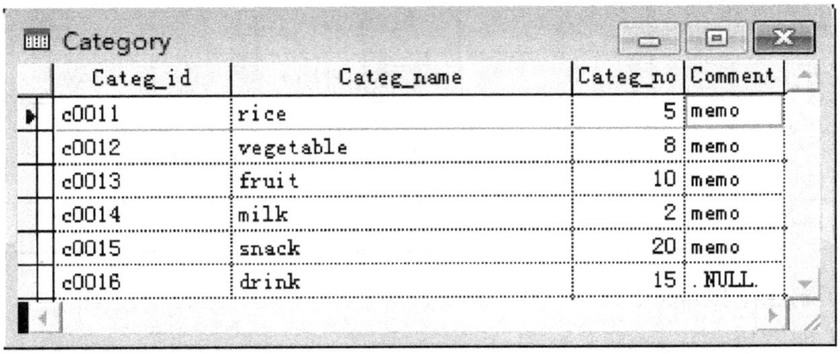

Categ_id	Categ_name	Categ_no	Comment
c0011	rice	5	memo
c0012	vegetable	8	memo
c0013	fruit	10	memo
c0014	milk	2	memo
c0015	snack	20	memo
c0016	drink	15	.NULL.

图 2-3-8　Category 表记录

Food

Food_name	Food_id	Categ_id	Price	Food_comp	Pd_date
chinese_rice	f01001	c0011	8	abc	06/01/2012
thai_rice	f01002	c0011	7	abc	06/11/2012
coca-cola	f03003	c0016	2	coca-cola	12/01/2013
fanta	f03002	c0016	2	coca-cola	01/01/2014
water	f03004	c0016	2	nongfu	06/01/2015

图 2-3-9　Food 表记录

实验四　表中记录的修改和项目管理器的操作

实验目的和要求

通过本次实验，分别掌握用 SQL 命令和用项目管理器打开表浏览窗口来编辑表的记录内容；掌握项目管理器的基本操作。

实验准备工作

(1) 插入 U 盘，单击“工具”下的“选项”菜单项，选择“文件位置”页面，修改“默认目录”为 U 盘的 task 文件夹。

(2) 单击“工具”下“选项”菜单项，选择“区域”页面，在“年份”前打钩(即设置 CENTURY 为 ON)。

实验内容

1. 用 SQL 的相关命令来修改记录和删除记录

(1) 按以下步骤修改 xs 表结构，增加一个字段 csnf(出生年份)，整型。csnf 的值为 csrq 字段值中的年份。

在“命令”窗口中，分别输入并运行以下命令，观察结果。

① ALTER TABLE xs ADD csnf I

② UPDATE xs SET csnf = YEAR(csrq)

③ DISPLAY ALL　　&& 观察显示的 xs 表的记录内容

(2) 按以下步骤修改 xs 表记录的 rxcj，把 xh 中第 7、第 8 两位为'01'的学生的入学成绩加 1 分。

在“命令”窗口中，分别输入并运行以下命令，观察结果。

① UPDATE xs SET rxcj = rxcj + 1 WHERE SUBSTR(XH,7,2) = '01'

② DISPLAY ALL　　&& 观察显示的 xs 表的记录内容

（3）按以下步骤修改 xs 表记录内容，给 csnf 为 1993 的记录加删除标记。

在“命令”窗口中，分别输入并运行以下命令，观察结果。

① DELETE FROM xs WHERE csnf = 1993

② DISPLAY ALL　　&& 观察显示的 xs 表的记录内容

2. 用 Visual FoxPro 相关命令来修改记录和删除记录

（1）按以下步骤修改 xs 表结构，修改要求：删除 csnf 字段；允许 hf 字段接受空值；增加 bz（备注）字段和 zp（照片），类型分别为 M（备注型）和 G（通用型）。

在“命令”窗口中，输入并运行以下命令，观察结果。

① CLOSE ALL

② USE xs　　&& 打开 xs 表

③ MODIFY STRUCTURE　　&& 修改表结构，修改后结果如图 2-4-1 和图 2-4-2 所示

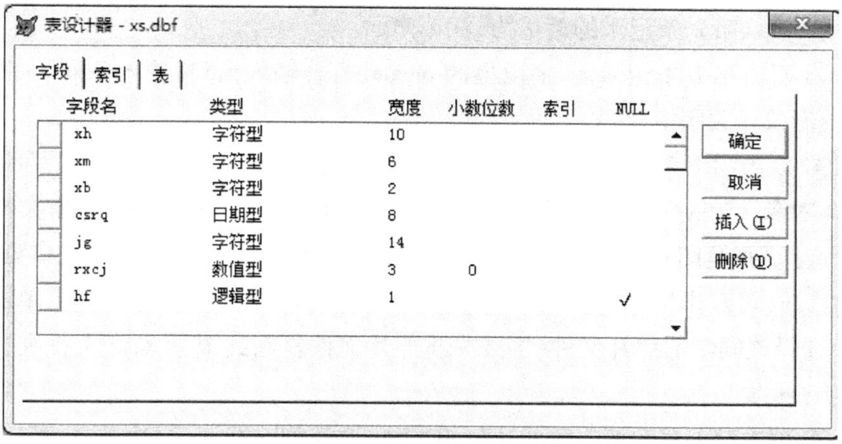

图 2-4-1　xs 表部分结构(1)

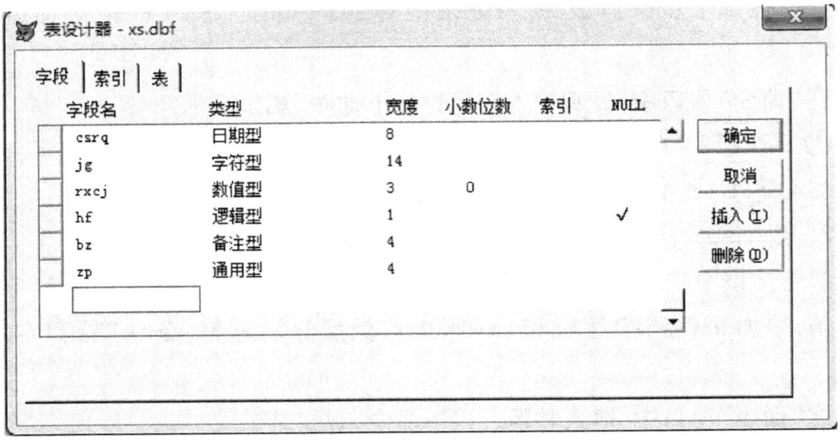

图 2-4-2　xs 表部分结构(2)

(2) 编辑 xs 表记录内容。

① 在“命令”窗口中,输入 BROWSE 并运行,打开浏览窗口,完成以下功能。

② 输入第 2 条记录的籍贯为:江苏南通。

③ 双击第 1 条记录 bz 字段里的 memo,打开输入窗口,输入该同学的备注信息:班长。关闭窗口。

④ 双击第 1 条记录 zp 字段里的 gen,打开输入窗口,单击“编辑”菜单下的“插入对象”,在对话框里有两种选择:一是选择“新建”,然后在“对象类型”下双击选择“画笔图片”,打开画笔软件,绘制照片后,单击 zp 窗口的空白处。如需要修改,可双击绘好的图画继续修改。二是选择“由文件创建”,然后单击“浏览”,选择该同学的照片文件(需要先将照片文件复制到 U 盘 task 文件夹)。最后关闭 zp 窗口。

⑤ 单击第 1 条和第 3 条左边的黑方块,取消删除标记(再次单击,可以添加删除标记)。

⑥ 单击“显示”菜单下的“追加方式”,可以添加多条记录。添加一条记录,并使用 CTRL + 0 在 hf 字段输入空值。添加相关记录,注意 D 型字段的输入,如果当前日期格式是美语格式,输入顺序为:月、日、年。L 型字段输入时可以输入 T 或者 Y 代表真,F 或者 N 代表假。记录内容如图 2-4-3 所示。

Xh	Xm	Xb	Csrq	Jg	Rxcj	Hf	Bz	Zp
2012010101	王鹏	男	06/04/1993	上海	351	F	Memo	Gen
2012010102	高天祥	男	01/01/1988	江苏南通	330	T	memo	gen
2012010201	张梅	女	03/14/1993	江苏南京	360	F	memo	gen
2012010203	李兰	女	04/11/1994	四川成都	310	.NULL.	memo	gen
2012020101	张江	男	11/12/1993	浙江杭州	400	F	memo	gen

图 2-4-3　xs 表记录内容(1)

⑦ 在“命令”窗口中，输入以下命令，修改 jg 的值，结果如图 2-4-4 所示。

```
REPLACE ALL FOR LEN(ALLTRIM(jg))>4 jg with LEFT(jg,4) +'省';
 +SUBSTR(ALLTRIM(jg),5) +'市'
REPLACE ALL FOR LEN(ALLTRIM(jg)) =4 jg with LEFT(jg,4) +'市'
```

Xh	Xm	Xb	Csrq	Jg	Rxcj	Hf	Bz	Zp
2012010101	王鹏	男	06/04/1993	上海市	351	F	Memo	Gen
2012010102	高天祥	男	01/01/1988	江苏省南通市	330	T	memo	gen
2012010201	张梅	女	03/14/1993	江苏省南京市	360	F	memo	gen
2012010203	李兰	女	04/11/1994	四川省成都市	310	.NULL.	memo	gen
2012020101	张江	男	11/12/1993	浙江省杭州市	400	F	memo	gen

图 2-4-4　xs 表记录内容(2)

⑧ 在“命令”窗口中，输入以下命令添加空白记录、添加删除标记、去除删除标记和物理删除记录。

```
APPEND BLANK
REPLACE xh with '2012020102',xm with '林一峰',hf with .F.
BROWSE
```

在“浏览”窗口中输入相关记录内容，结果如图 2-4-5 所示。

Xs

Xh	Xm	Xb	Csrq	Jg	Rxcj	Hf	Bz	Zp
2012010101	王鹏	男	06/04/1993	上海市	351	F	Memo	Gen
2012010102	高天祥	男	01/01/1988	江苏省南通市	330	T	memo	gen
2012010201	张梅	女	03/14/1993	江苏省南京市	360	F	memo	gen
2012010203	李兰	女	04/11/1994	四川省成都市	310	.NULL.	memo	gen
2012020101	张江	男	11/12/1993	浙江省杭州市	400	F	memo	gen
2012020102	林一峰	男	12/01/1994	江西省南昌市	315	F	memo	gen
2012020103	任灵	女	09/08/1993	北京市	352	F	memo	gen
2012020104	朱媛媛	女	03/01/1994	江苏省张家港	326	F	memo	gen
			/ /				memo	gen

图 2-4-5　xs 表记录内容(3)

⑨ 在"命令"窗口输入命令：

GO 3

DELETE REST FOR rxcj <350　　&& 第 4,6,8 条记录加了删除标记，如图 2-4-6 所示

Xs

删除标记	Xh	Xm	Xb	Csrq	Jg	Rxcj	Hf	Bz	Zp
	2012010101	王鹏	男	06/04/1993	上海市	351	F	Memo	Gen
	2012010102	高天祥	男	01/01/1988	江苏省南通市	330	T	memo	gen
	2012010201	张梅	女	03/14/1993	江苏省南京市	360	F	memo	gen
■	2012010203	李兰	女	04/11/1994	四川省成都市	310	.NULL.	memo	gen
	2012020101	张江	男	11/12/1993	浙江省杭州市	400	F	memo	gen
■	2012020102	林一峰	男	12/01/1994	江西省南昌市	315	F	memo	gen
	2012020103	任灵	女	09/08/1993	北京市	352	F	memo	gen
■	2012020104	朱媛媛	女	03/01/1994	江苏省张家港市	326	F	memo	gen

图 2-4-6　xs 表记录内容(4)

⑩ 在"命令"窗口输入命令：

GO 4

RECALL NEXT 2　　&& 结果如图 2-4-7 所示

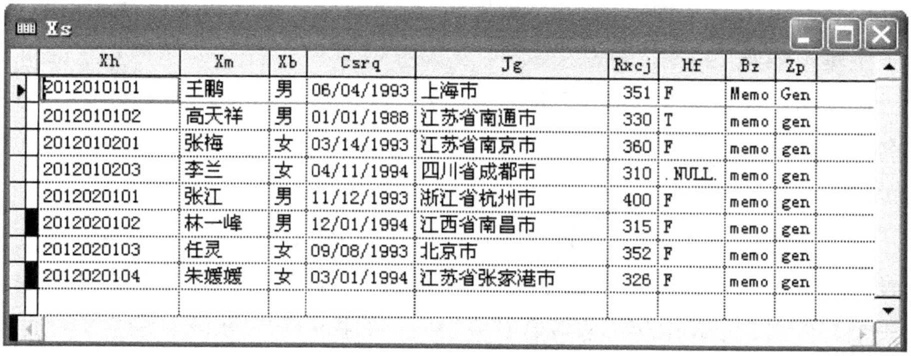

Xh	Xm	Xb	Csrq	Jg	Rxcj	Hf	Bz	Zp
2012010101	王鹏	男	06/04/1993	上海市	351	F	Memo	Gen
2012010102	高天祥	男	01/01/1988	江苏省南通市	330	T	memo	gen
2012010201	张梅	女	03/14/1993	江苏省南京市	360	F	memo	gen
2012010203	李兰	女	04/11/1994	四川省成都市	310	.NULL.	memo	gen
2012020101	张江	男	11/12/1993	浙江省杭州市	400	F	memo	gen
2012020102	林一峰	男	12/01/1994	江西省南昌市	315	F	memo	gen
2012020103	任灵	女	09/08/1993	北京市	352	F	memo	gen
2012020104	朱媛媛	女	03/01/1994	江苏省张家港市	326	F	memo	gen

图 2-4-7　xs 表记录内容(5)

⑪ 在“命令”窗口输入命令：

PACK

BROWSE

在“浏览”窗口中修改第 4 条记录的 hf 的值为 .F.，结果如图 2-4-8 所示。

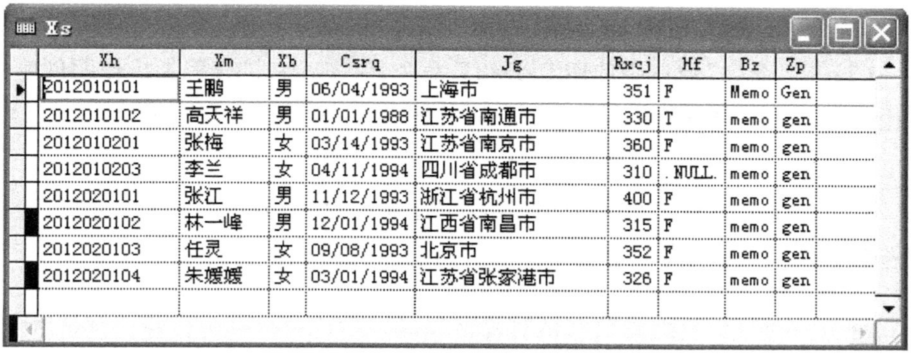

Xh	Xm	Xb	Csrq	Jg	Rxcj	Hf	Bz	Zp
2012010101	王鹏	男	06/04/1993	上海市	351	F	Memo	Gen
2012010102	高天祥	男	01/01/1988	江苏省南通市	330	T	memo	gen
2012010201	张梅	女	03/14/1993	江苏省南京市	360	F	memo	gen
2012010203	李兰	女	04/11/1994	四川省成都市	310	.NULL.	memo	gen
2012020101	张江	男	11/12/1993	浙江省杭州市	400	F	memo	gen
2012020102	林一峰	男	12/01/1994	江西省南昌市	315	F	memo	gen
2012020103	任灵	女	09/08/1993	北京市	352	F	memo	gen
2012020104	朱媛媛	女	03/01/1994	江苏省张家港市	326	F	memo	gen

图 2-4-8　xs 表记录内容(6)

⑫ 关闭浏览窗口。

3. 项目管理器的使用

(1) 单击“文件”菜单下的“打开”，打开项目文件 xkxt。

(2) 选中“自由表”，单击右边的“添加”按钮，将 xs 表和 kc 表加入该项目。

(3) 右击“kc”文件名，单击菜单里的“包含”，设置为包含状态，再右击“kc”文件名，单击菜单里的“排除”，恢复为排除状态。

（4）右击“xs”文件名，单击菜单里的“编辑说明”，输入该文件说明信息：存储学生基本信息。

（5）单击系统菜单“项目”下的“项目信息”，或者右击项目里任何一个文件名，单击“项目信息”可以设置该项目相关信息，如设置“邮政编码”为212013。

（6）设置项目的主文件（该项操作可以在做完12个实验后，将需要的文件设置为主文件）：右击项目中程序文件、菜单文件、表单文件或查询文件中的任何一个文件名，在弹出的快捷菜单中单击“设置主文件”，被设置成主文件的文件名以粗体显示。一个项目只能设置一个主文件。

4. 扩充思考操作题

（1）在“命令”窗口中用USE命令打开实验三扩充思考操作题创建的自由表Category.dbf，然后使用REPLACE命令对categ_no大于等于10的记录的Categ_no在原值上加1。

```
USE Category
REPLACE ALL FOR categ_no >= 10 Categ_no with ________________
```

（2）在“命令”窗口中使用UPDATE命令，对实验三扩充思考操作题创建的自由表Food.dbf中price小于等于5的记录的price在原值上加2。

```
UPDATE Food SET ________________ WHERE ________________
```

（3）用BROWSE命令或者在项目中打开自由表Food.dbf的浏览窗口，在浏览窗口中彻底删除第3条记录。

实验五　表的打开、关闭和定位，以及索引的建立

实验目的和要求

通过本次实验，掌握表文件的打开、关闭，记录的定位，结构和记录的复制等操作。掌握索引的建立和使用。

实验准备工作

（1）插入 U 盘，单击“工具”下的“选项”菜单项，选择“文件位置”页面，修改“默认目录”为 U 盘的 task 文件夹。

（2）单击“工具”下的“选项”菜单项，选择“区域”页面，在“年份”前打钩（即设置 CENTURY 为 ON）。

（3）打开 xkxt 项目文件，进入 xkxt 项目管理器。

实验内容

1. 在“命令”窗口中，输入并运行以下命令，观察结果

（1）?　SELECT( )　　&& 观察当前工作区号

（2）USE xs

（3）SELECT 2

（4）USE cj

（5）USE kc IN 0

（6）USE kc AGAIN IN 8　　&& 在 8 号工作区，再次打开 kc 表

（7）?　SELECT( )　　&& 观察当前工作区号

（8）?　ALIAS(1),ALIAS(2),ALIAS(3),ALIAS(8)

（9）? USED(3),USED('xs') && 观察 3 号工作区有无表打开，别名为 xs 的表有无打开

(10) LIST RECORD 5

(11) GO 2

(12) LIST NEXT 3

(13) GO 5

(14) LIST REST

(15) DISPLAY ALL

(16) DISPLAY ALL FOR SUBSTR(xh,5,4) ="0201"

(17) LIST ALL FOR cj <60

(18) SELECT xs

(19) ?　BOF( ),EOF( ),RECNO( )

(20) SKIP

(21) ?　BOF( ),EOF( ),RECNO( )

(22) GO TOP

(23) ?　BOF( ),EOF( ),RECNO( )

(24) SKIP -1

(25) ?　BOF( ),EOF( ),RECNO( )

(26) GO BOTTOM

(27) SKIP

(28) ? BOF( ),EOF( ),RECNO( )

(29) GO 3

(30) GO 20

(31) ?　RECNO( )

(32) SKIP -20

(33) ?　RECNO( )

(34) SKIP 30

(35) ?　RECNO( )

(36) SELECT cj

(37) GO 1

(38) LOCATE FOR cj =90

(39) DISPLAY

（40）CONTINUE

（41）DISPLAY

（42）CONTINUE

（43）DISPLAY

（44）CONTINUE

（45）?　EOF( ),RECNO( )

（46）GO 1

（47）LOCATE NEXT 3 FOR cj =90

（48）CONTINUE

（49）?　RECNO( )

（50）COPY TO cj1 STRUCTURE　　&& 将当前工作表的结构复制到 cj1. dbf 中

（51）SELECT 0　　&& 选择未使用的最小工作区为当前工作区

（52）USE cj1

（53）APPEND FROM cj

（54）BROWSE

（55）SELECT xs

（56）COPY TO xs1 FOR YEAR(csrq) <1993

（57）SELECT 0

（58）USE xs1

（59）BROWSE

（60）CLOSE ALL

2. 索引的创建

（1）按以下步骤，在 xs. dbf 表中分别创建名为 xh、csrq 和 rxcj 的候选索引、普通索引、普通索引，分别要求按 xh 字段、csrq 字段和 rxcj 字段排序。rxcj 索引还要求只对 rxcj 大于等于 350 分的降序排序。

① 在项目管理器中点击“xs”表文件名，单击“修改”按钮，打开表设计器。

② 单击“索引”页面，根据要求创建索引，结果如图 2-5-1 所示。

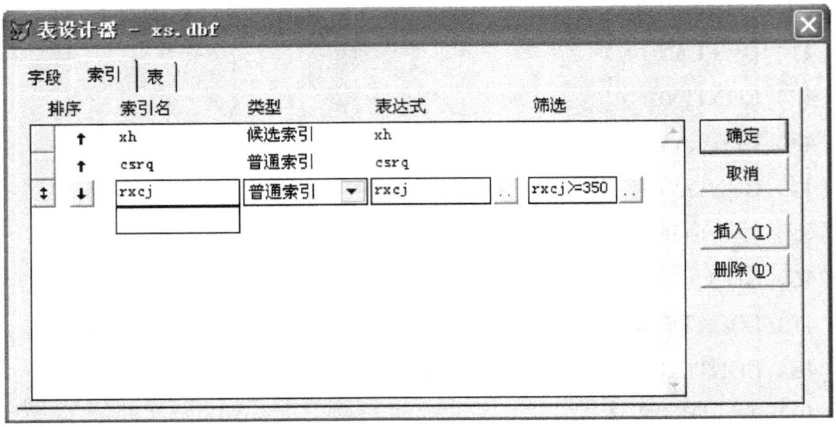

图 2-5-1 创建 xs 表索引

（2）按以下步骤，在 xs. dbf 表中分别创建名为 xbrxcj 和 xbcsrq 的普通索引，要求分别先按性别排序，再按 rxcj 和 csrq 升序排序。

① 在 xs 表的表设计器的“索引”页面，按要求创建索引。

② xbrxcj 索引的关键字表达式为：xb + STR(rxcj,3)。

③ xbcsrq 索引的关键字表达式为：xb + DTOC(csrq,1)。

④ 索引创建结果如图 2-5-2 所示。

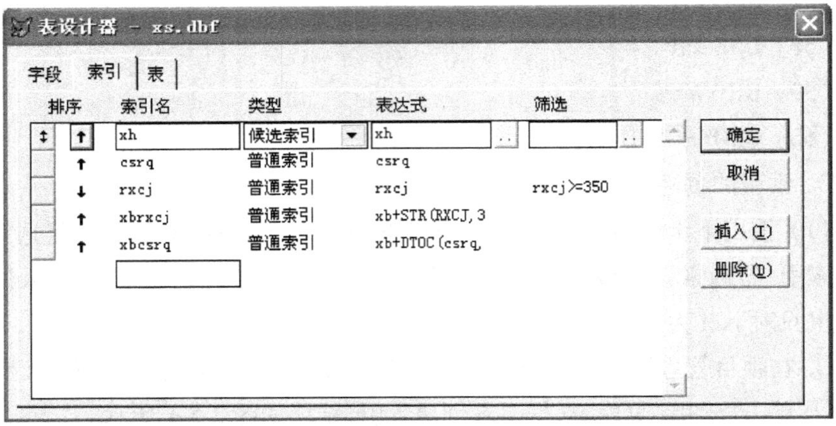

图 2-5-2 创建 xs 表索引结果

（3）在 kc 表中，创建名为 kch 的候选索引，要求按 kch 字段排序。

（4）在 cj 表中，分别创建名为 xh 和 kch 的普通索引，要求分别按 xh 字段和 kch 字段排序。创建名为 xhkch 的候选索引，要求先按 xh 排序，再按 kch 排序，索引的关键字表达式为：xh + kch。

（5）设置主控索引。

在“命令”窗口中，输入运行以下命令，观察结果。

① CLOSE ALL

② USE xs

③ SET ORDER TO xbcsrq

④ BROWSE　　&& 观察记录顺序

⑤ SET ORDER TO xbrxcj

⑥ BROWSE　　&& 观察记录顺序

⑦ SET ORDER TO rxcj

⑧ BROWSE　　&& 观察记录内容和记录顺序

3. 扩充思考操作题

（1）在实验三扩充思考操作题创建的自由表 Category. dbf 中，创建名为 categid 的候选索引，要求按 categ_id 字段排序。

（2）在实验三扩充思考操作题创建的自由表 Food. dbf 中，创建名为 categid 的普通索引，要求按 categ_id 字段排序。

（3）在实验三扩充思考操作题创建的自由表 Food. dbf 中，创建名为 iddate 的普通索引，要求先按 categ_id 字段排序，再按 pd_date 字段排序。

（4）在实验三扩充思考操作题创建的自由表 Food. dbf 中，创建名为 idprice 的普通索引，要求先按 categ_id 字段排序，再按 price 字段排序。

实验六　数据库及库表的基本操作

实验目的和要求

通过本次实验，掌握数据库的创建、数据库表的扩展属性的使用。掌握参照完整性的设置。

实验准备工作

（1）插入 U 盘，单击“工具”下的“选项”菜单项，选择“文件位置”页面，修改“默认目录”为 U 盘的 task 文件夹。

（2）单击“工具”下的“选项”菜单项，选择“区域”页面，在“年份”前打钩（即设置 CENTURY 为 ON）。

（3）打开 xkxt 项目文件，进入 xkxt 项目管理器。

实验内容

1. 创建、打开、关闭、添加和移去数据库

（1）利用命令创建、打开和关闭数据库

在“命令”窗口中，输入并运行以下命令，观察结果。

① CLOSE ALL

② CREATE DATABASE test1

③ CREATE DATABASE test2

④ ?　DBC( )　　　　&& 观察当前工作数据库为 test2

⑤ SET DATABASE TO test1

⑥ ?　DBC( )　　　　&& 观察当前工作数据库为 test1

⑦ CLOSE DATABASE　　　　&& 关闭当前数据库

⑧ OPEN DATABASE test1

⑨ CLOSE DATABASE ALL　　　　　&& 关闭所有打开的数据库

（2）利用项目管理器创建、添加和移去数据库

① 在 xkxt 项目管理器中选择“数据”选项卡下的“数据库”，单击“新建”按钮；在出现的“新建数据库”对话框中选择“新建数据库”。

② 输入数据库文件名 xk，单击“保存”按钮完成数据库的创建。Visual FoxPro 主窗口中将显示“数据库设计器”窗口。此时数据库新建成功并被自动打开成为当前数据库。单击“关闭”按钮关闭数据库设计器。

③ 在项目管理器中选择“数据”选项卡下的“数据库”，单击“添加”按钮，在出现的对话框中选择 test1 数据库文件。添加后结果如图 2-6-1 所示。

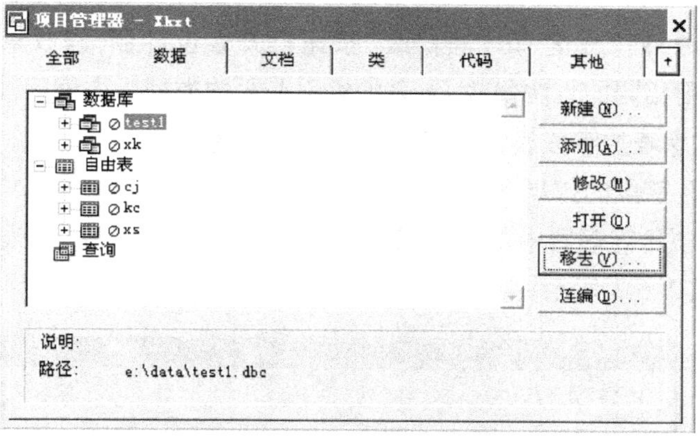

图 2-6-1　xkxt 项目管理器(1)

④ 在项目管理器中单击 test1 文件名，再单击“移去”按钮，可以将该数据库文件移出该项目。注意：移去的同时可以选择是否删除该数据库文件。

2. 添加数据库表

（1）在 xkxt 项目管理器中单击“数据”选项卡中“数据库”下的 xk 文件名前的“+”，展开 xk 数据库，单击下面的表文件，分三次单击“添加”按钮，依次将 xs 表、kc 表和 cj 表添加到该数据库下面，结果如图 2-6-2 所示。

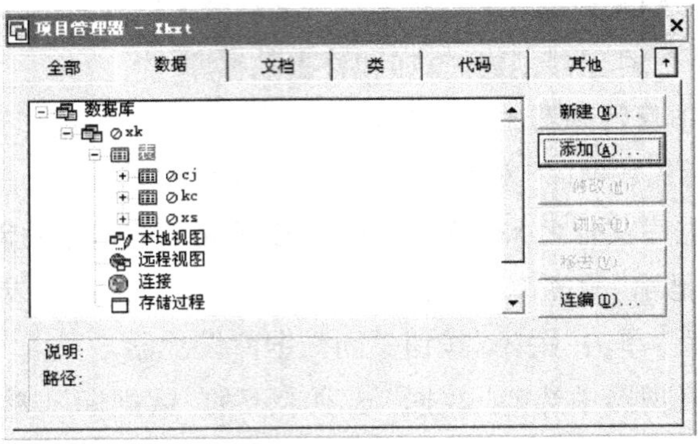

图 2-6-2　xkxt 项目管理器(2)

(2) 单击 xs 文件名,单击"修改"按钮打开表设计器,修改索引 xh 的类型为主索引。用相同的方法修改 kc 表的索引 kch 的类型为主索引。

3. 数据库表的字段属性和表属性的基本设置

(1) 设置字段的扩展属性

在 xkxt 项目管理器中单击 xk 数据库下面的 xs 表,单击"修改"按钮打开表设计器,如图 2-6-3 所示。

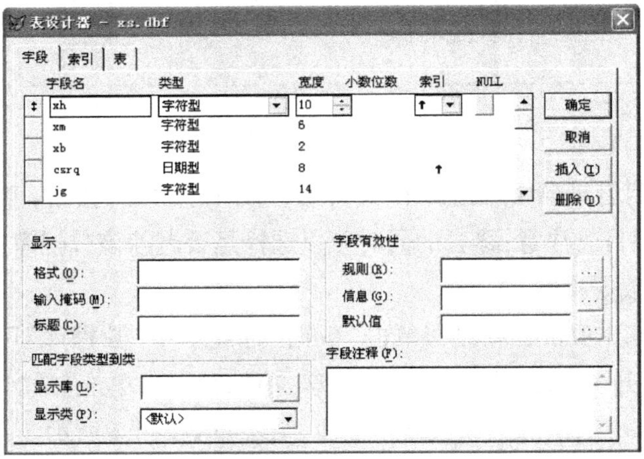

图 2-6-3　xs 表设计器(1)

① 单击 jg 字段行,在"格式"后面输入:T,设置 jg 字段的显示格式为删除字段前导空格,如图 2-6-4 所示。

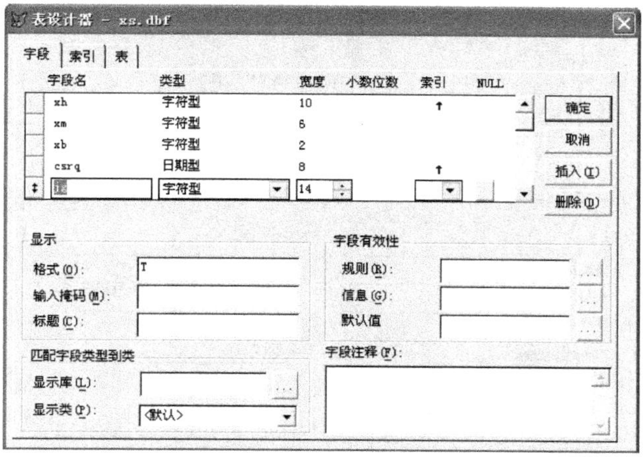

图 2-6-4　xs 表设计器(2)

② 单击 xh 字段行,在“输入掩码”后面输入:9999999999(添加修改记录时在 xh 字段只能输入数字字符),在“标题”后面输入:学号,设置浏览窗口字段标题,如图 2-6-5 所示。

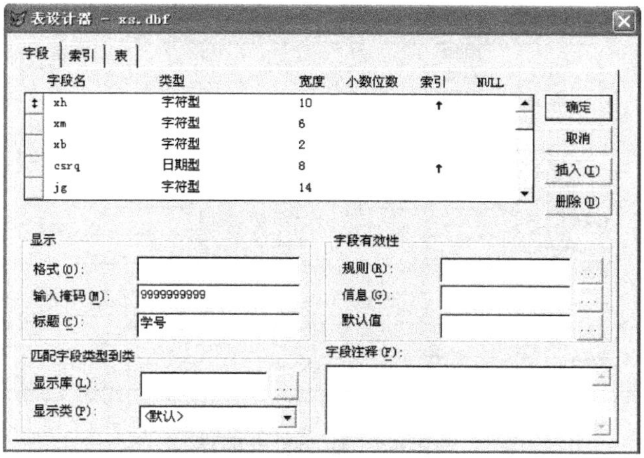

图 2-6-5　xs 表设计器(3)

③ 单击 xb 字段行,在“规则”后面输入:xb ="男" OR xb ="女",在“信息”后面输入字符串:"性别必须为男或女",在“默认值”后面输入字符串:"男"。

④ 单击 xb 字段行,在“显示类”后面的下拉列表框中选择“OptionGroup”,设置 xb 字段的显示类为选项按钮组,如图 2-6-6 所示。

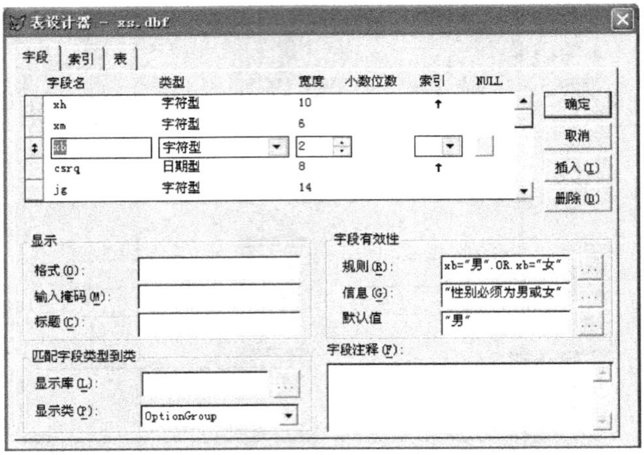

图 2-6-6　xs 表设计器(4)

⑤ 单击 bz 字段行,在"字段注释"下面输入信息:备注包括任职情况和奖惩情况等,如图 2-6-7 所示。

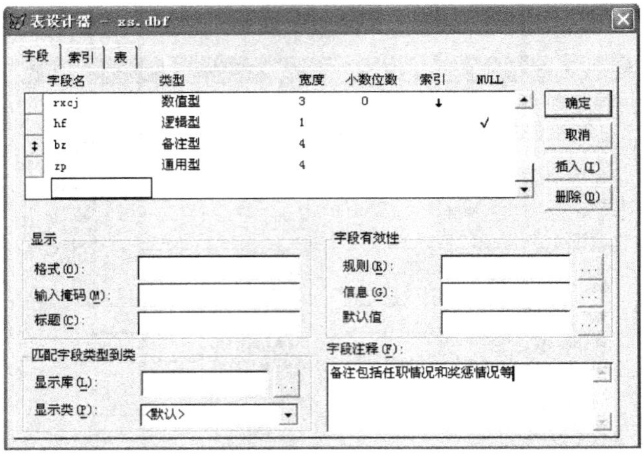

图 2-6-7　xs 表设计器(5)

⑥ 单击"确定"按钮,出现如图 2-6-8 所示的对话框。注意:如果不需要设置应用到表中已有的记录数据,就不需要勾选对话框中的选项,现在保留默认的勾选状态。单击"是"按钮完成设置。

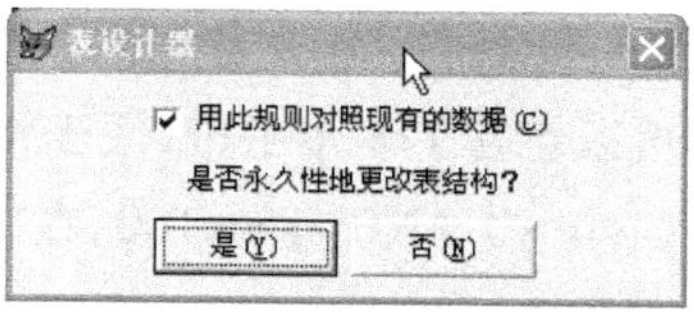

图 2-6-8　表设计器(6)

⑦ 在 xkxt 项目管理器中单击 xk 数据库下面的 xs 表,单击“浏览”按钮打开表浏览窗口,修改第一条记录的 xb 字段的值为 na,弹出如图 2-6-9 所示对话框,单击“确定”按钮,重新输入值。

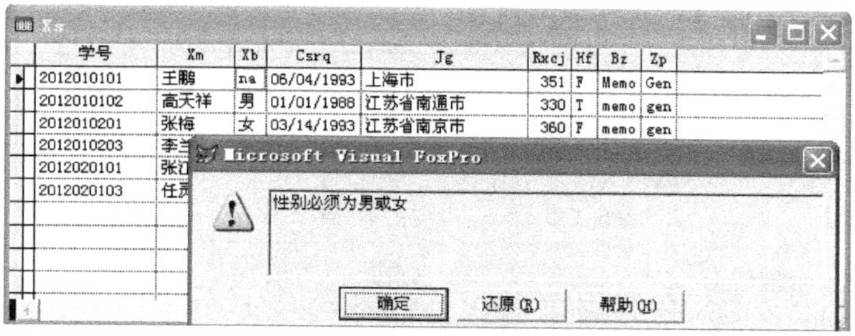

图 2-6-9　检查字段有效性规则

（2）设置数据库表属性

在 xkxt 项目管理器中单击 xk 数据库下面的 cj 表,单击“修改”按钮打开表设计器。

① 单击“表”页面,结果如图 2-6-10 所示。

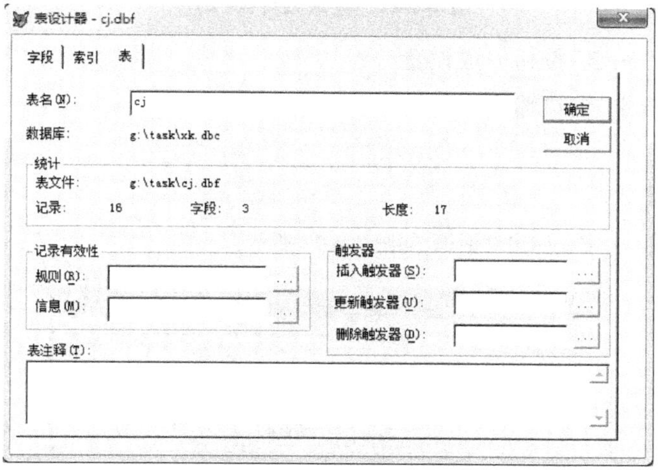

图 2-6-10　cj 表设计器(1)

② “表名”后面是默认的长表名，与表名相同；也可以重新输入一个长表名，比如中文表名，长表名可以包含 128 个字符，便于管理。

③ 在“规则”后面输入：cj=>0 AND cj <= 100，在“信息”后面输入字符串："成绩必须在 0 到 100 之间"。

④ 在“删除触发器”后面输入：EMPTY(cj)，设置只有成绩为空白的记录才允许删除记录，如图 2-6-11 所示。

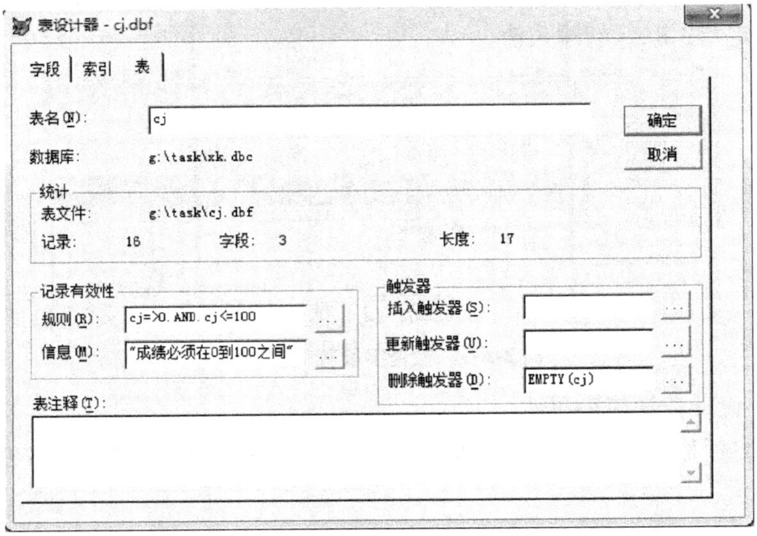

图 2-6-11　cj 表设计器(2)

⑤ 单击“确定”按钮完成设置。

⑥ 在“命令”窗口输入以下命令：

```
GO 3
DISPLAY
DELETE      && 弹出对话框，如图 2-6-12 所示
```

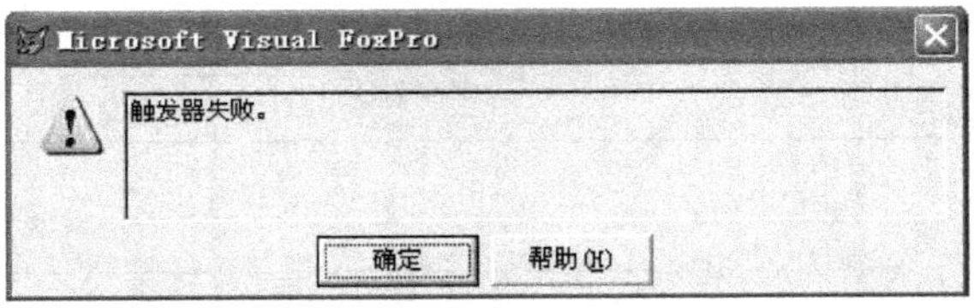

图 2-6-12　检查触发器结果

4. 数据库表的永久性关系的建立和参照完整性的设置

（1）在 xkxt 项目管理器中单击“数据”选项卡中“数据库”下的 xk 文件名，单击“修改”按钮，打开数据库设计器，如图 2-6-13 所示。

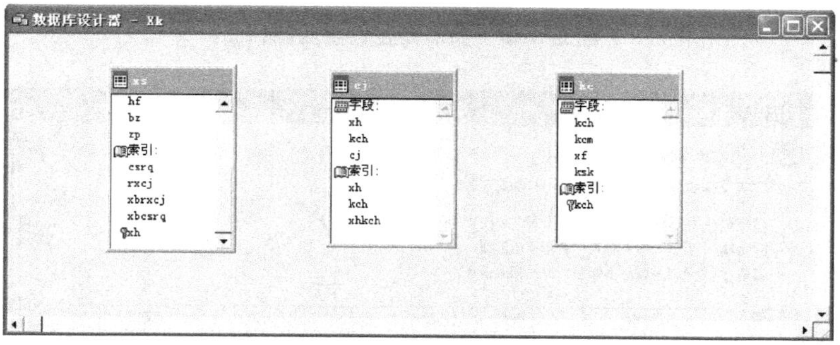

图 2-6-13 数据库设计器

（2）调整各张表的窗口大小，使得表的索引可见。

（3）单击 xs 表的主索引 xh 并按住鼠标左键拖动到 cj 表的普通索引 xh 上松开鼠标，以 xs 表为主表、cj 表为子表，根据 xh 建立一个永久性关系。按类似的方法，以 kc 表为主表、cj 表为子表，根据 kch 建立另一个永久性关系。如图 2-6-14所示。

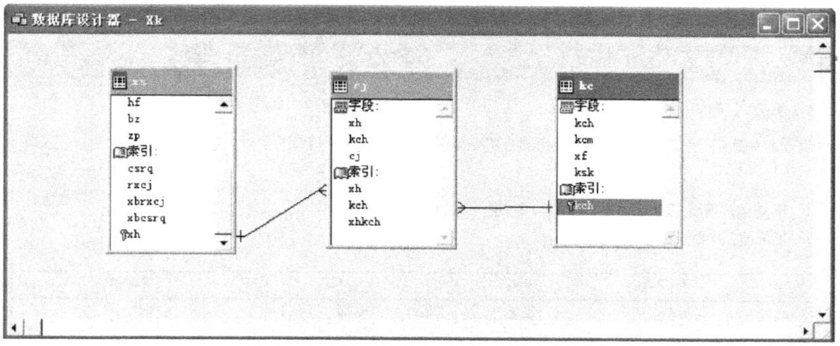

图 2-6-14 建立永久性关系

（4）右击任意一条关系线，选择“编辑参照完整性”，打开设置窗口。有时会出现如图 2-6-15 所示的信息框，单击“确定”按钮后，单击系统菜单里的“数据库”下的“清理数据库”，再次右击任意一条关系线，选择“编辑参照完整性”，打开“参照完整性生成器”对话框。如图 2-6-16 所示。

图 2-6-15　参照完整性生成器(1)

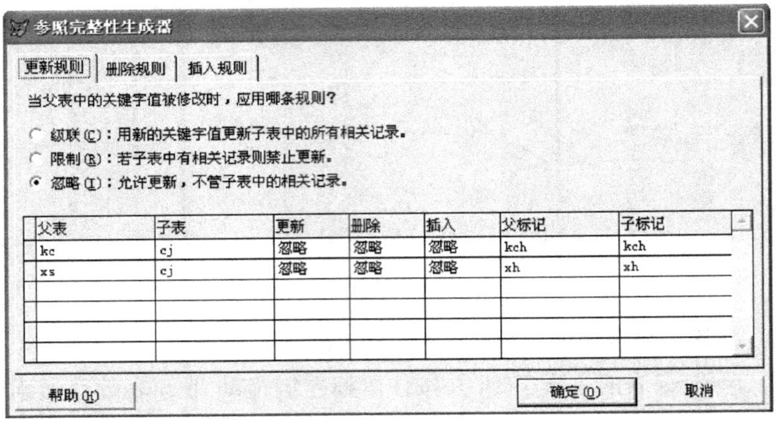

图 2-6-16　参照完整性生成器(2)

(5) 设置 xs 表和 cj 表之间的参照完整性为：更新级联、插入限制(见图 2-6-17)。单击“确定”按钮，根据提示完成设置。

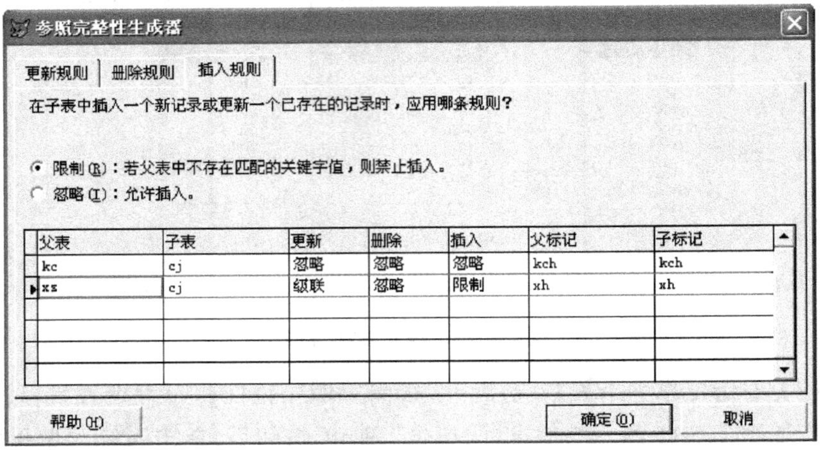

图 2-6-17　参照完整性生成器(3)

5. 扩充思考操作题

（1）在 xkxt 项目中创建一个数据库 Food. dbc，然后将实验三扩充思考操作题里创建的自由表 Category. dbf 和 Food. dbf 加入数据库 Food. dbc 中。

（2）将实验五扩充思考操作题里创建的表 Category. dbf 中的名为 categid 的候选索引改为主索引。

（3）在表 Category. dbf 中，设置 categ_id 字段的标题为 Category ID。

（4）在表 Food. dbf 中，设置字段有效性规则，要求 price 字段的值在 0 ~ 100 之间。

（5）在数据库 Food. dbc 中创建表 Category. dbf 和 Food. dbf 的永久性关系，并设置参照完整性规则：删除级联。

实验七　用查询设计器设计查询

实验目的和要求

通过本次实验，掌握利用查询设计器创建查询文件的方法。

实验准备工作

（1）插入U盘，单击“工具”下的“选项”菜单项，选择“文件位置”页面，修改“默认目录”为U盘的task文件夹。

（2）单击“工具”下的“选项”菜单项，选择“区域”页面，在“年份”前打钩（即设置CENTURY为ON）。

（3）打开xkxt项目文件，进入xkxt项目管理器。

实验内容

1. 单表简单查询

按照下列步骤以xk数据库中的xs表（学生表）为数据源，建立查询文件nlcx，查询各女同学的年龄，要求输出xh（学号）、姓名、年龄，结果按年龄从高到低排列，在浏览窗口显示查询结果。

（1）在xkxt项目管理器中选择“数据”选项卡中的“查询”，单击“新建”按钮；在出现的“新建查询”对话框中选择“新建查询”，打开查询设计器。如图2-7-1所示。

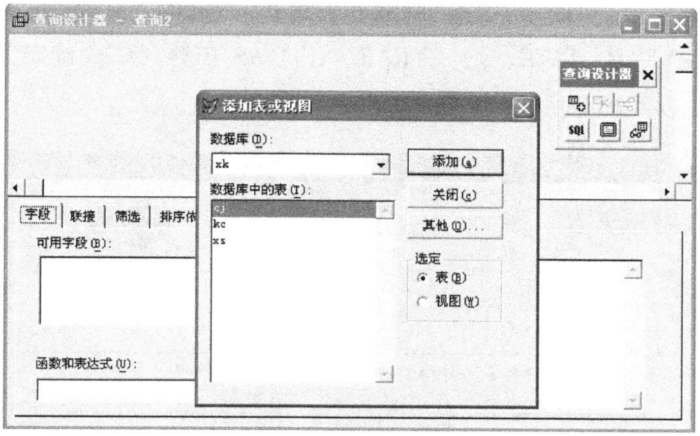

图 2-7-1　查询设计器

（2）在“添加表或视图”对话框中选择 xk 数据库中的 xs 表，单击“添加”按钮。关闭“添加表或视图”对话框。

（3）在“字段”页面中的“可用字段”下，双击 xs. xh，添加 xh 到“选定字段”列。

（4）在“字段”页面中，单击“函数和表达式”右边的“…”按钮，在表达式生成器中输入：xs. xm AS 姓名（见图 2-7-2）。单击“确定”按钮，再单击“添加”按钮，加入“选定字段”列中。

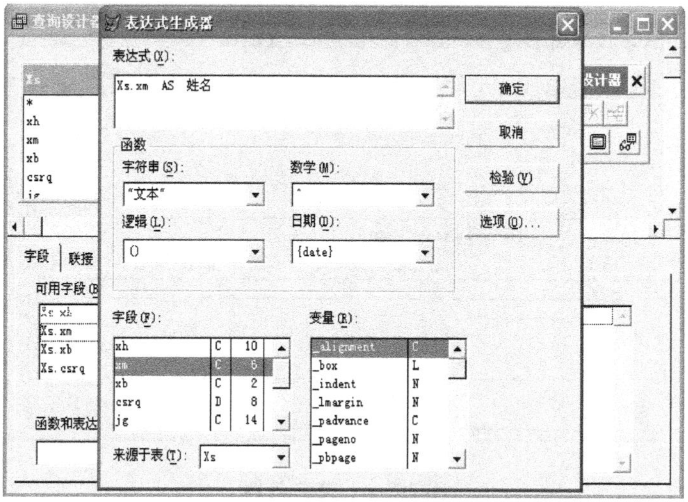

图 2-7-2　表达式生成器

(5) 在“字段”页面中，单击“函数和表达式”右面的“…”按钮，在表达式生成器中输入：YEAR(DATE( )) - YEAR(csrq) AS 年龄，单击“确定”按钮，再单击“添加”，加入“选定字段”列中。如图 2-7-3 所示。

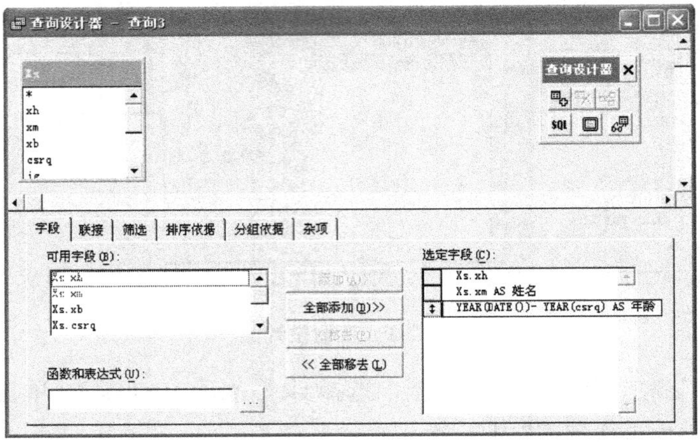

图 2-7-3　选定字段

(6) 选择“筛选”页面，单击“字段名”下的列表框，在列表中单击选择 xb 字段；在“条件”下的组合框中，单击下拉按钮，选择“ = ”；在“实例”下的组合框中，输入字符串：'女'。如图 2-7-4 所示。

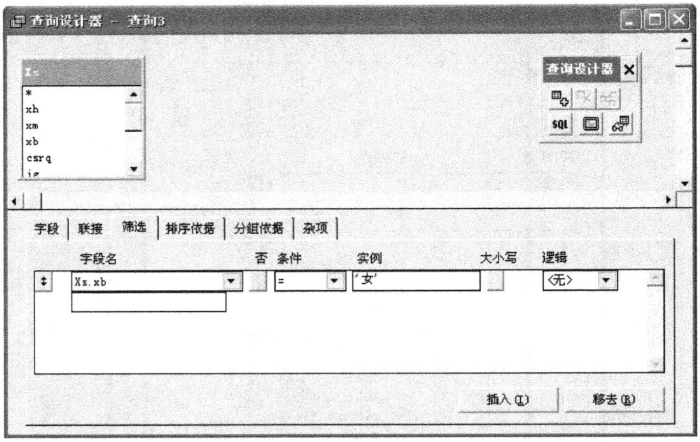

图 2-7-4　筛选条件

(7) 选择“排序依据”页面，双击“选定字段”列表下的“年龄”表达式：

YEAR(DATE( )) - YEAR(csrq) AS 年龄,添加到“排序条件”列表框。再在“排序选项”中单击“降序”按钮。如图 2-7-5 所示。

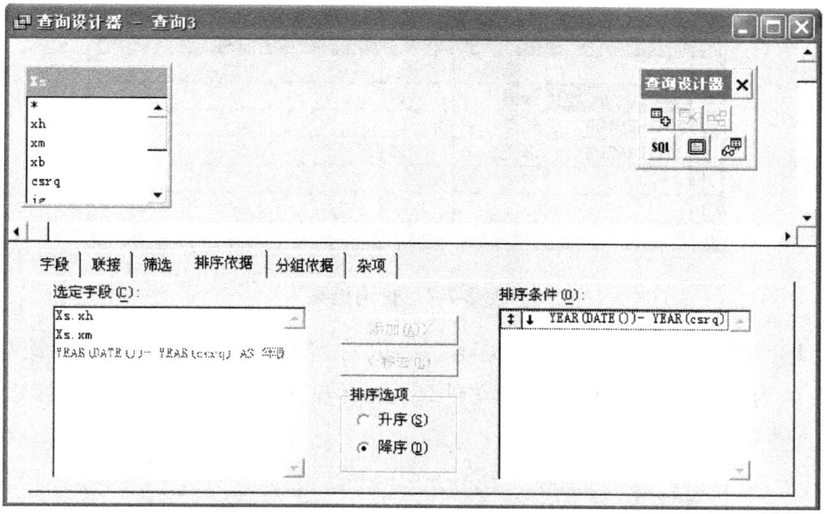

图 2-7-5　排序条件

(8) 选择“查询”菜单下的“查询去向”,弹出“查询去向”对话框,选择“浏览”,单击“确定”按钮,如图 2-7-6 所示。

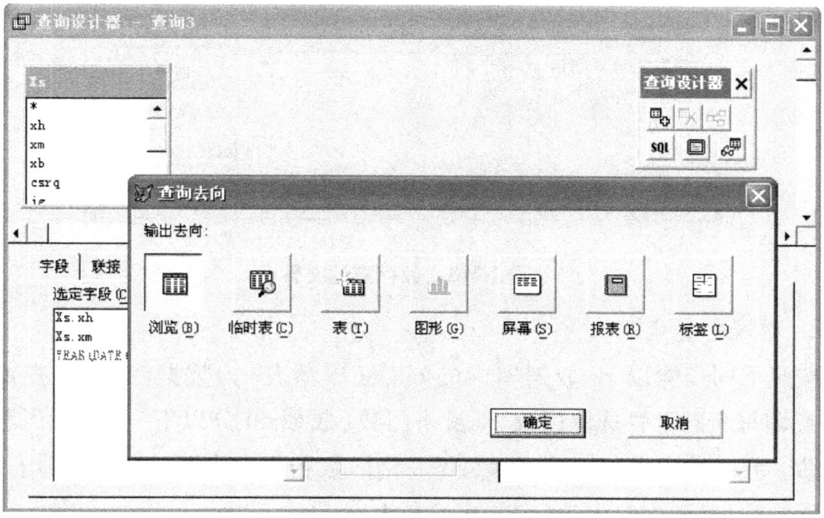

图 2-7-6　查询去向

(9) 单击工具栏中的"!"按钮运行查询，查询结果如图 2-7-7 所示。注意：查询结果中的年龄根据当前系统日期不同，结果会不同。

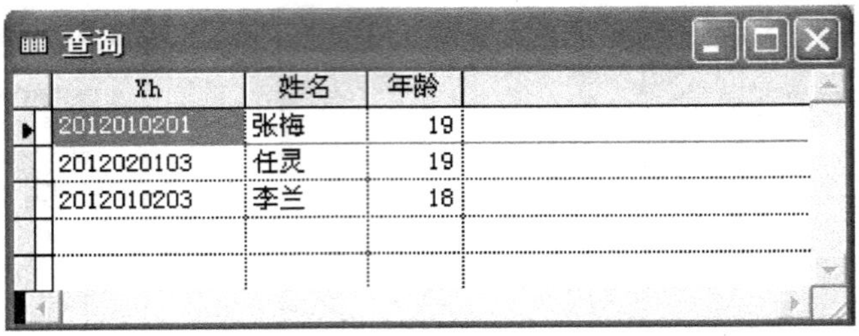

图 2-7-7 查询结果

(10) 单击查询设计器的"关闭"按钮，在弹出的对话框中单击"是"按钮，在"另存为"对话框里，输入查询文件名：nlcx(见图 2-7-8)，再单击"保存"按钮。

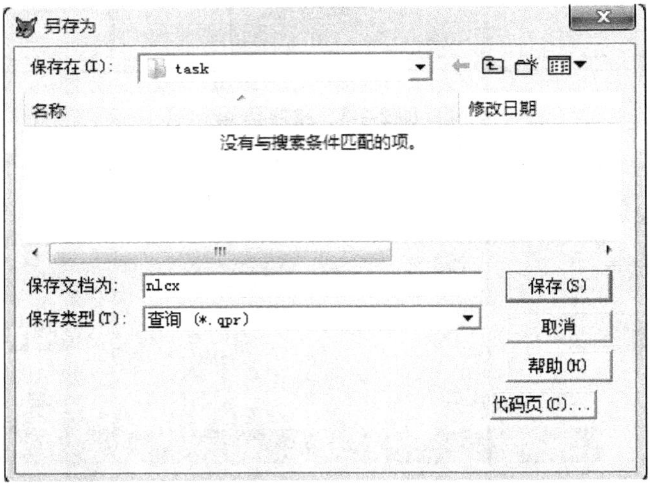

图 2-7-8 保存查询文件

2. 单表分组查询

按照下列步骤以 xk 数据库中的 cj 表(成绩表)为数据源，建立查询文件 cjcx，查询每个同学的选课门数、不及格门数(成绩 60 分以下)及所选课程的平均成绩。要求输出学号、选课门数、不及格门数和平均成绩，结果按平均成绩从高到低排列，查询去向为表(表的文件名为 pjcj)。

(1) 在 xkxt 项目管理器中选择"数据"选项卡下的"查询"，单击"新建"按钮;在出现的“新建查询”对话框中选择“新建查询”,打开查询设计器。

（2）在“添加表或视图”对话框中选择 xk 数据库中的 cj 表,单击“添加”按钮。关闭“添加表或视图”对话框。

（3）在“字段”页面中,单击“函数和表达式”右边的“…”按钮,在表达式生成器中输入:cj. xh AS 学号,单击“确定”按钮。再单击“添加”按钮,加入“选定字段”列中,如图 2-7-9 所示。

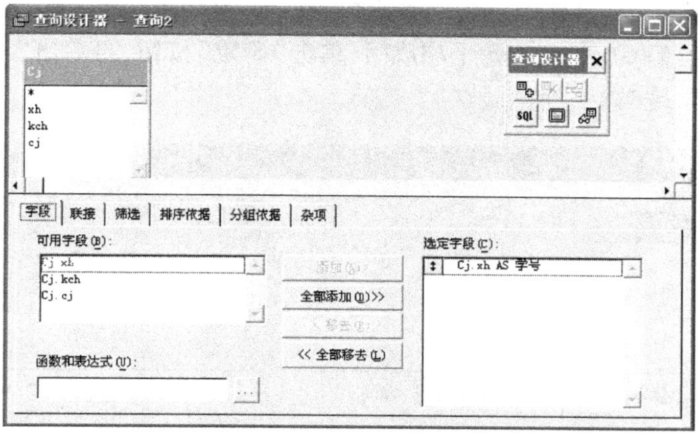

图 2-7-9　选定字段

（4）选择“分组依据”页面,双击“可用字段”列表下的“cj. xh”,添加到“分组字段”列表框,如图 2-7-10 所示。

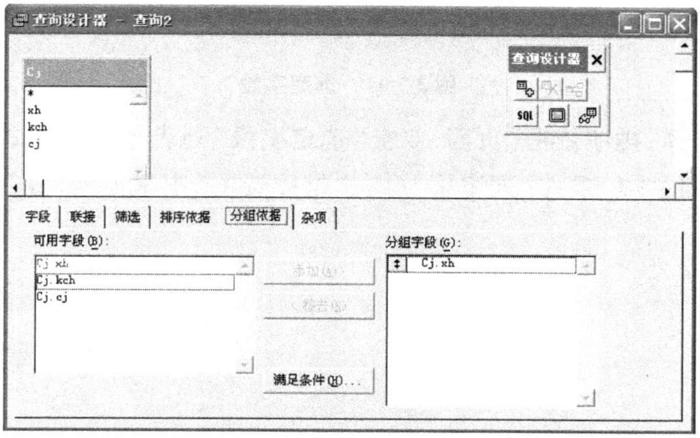

图 2-7-10　分组依据

（5）在“字段”页面中，单击“函数和表达式”右边的“…”按钮，在表达式生成器中输入：COUNT(*) AS 选课门数，单击“确定”按钮，再单击“添加”按钮，加入“选定字段”列中。

（6）在“字段”页面中，单击“函数和表达式”右边的“…”按钮，在表达式生成器中输入：SUM(IIF((cj.cj<60,1,0)) AS 不及格门数，单击“确定”按钮，再单击“添加”按钮，加入“选定字段”列中。

（7）在“字段”页面中，单击“函数和表达式”右边的“…”按钮，在表达式生成器中输入：AVG(cj.cj) AS 平均成绩，单击“确定”按钮，再单击“添加”按钮，加入“选定字段”列中，如图 2-7-11 所示。

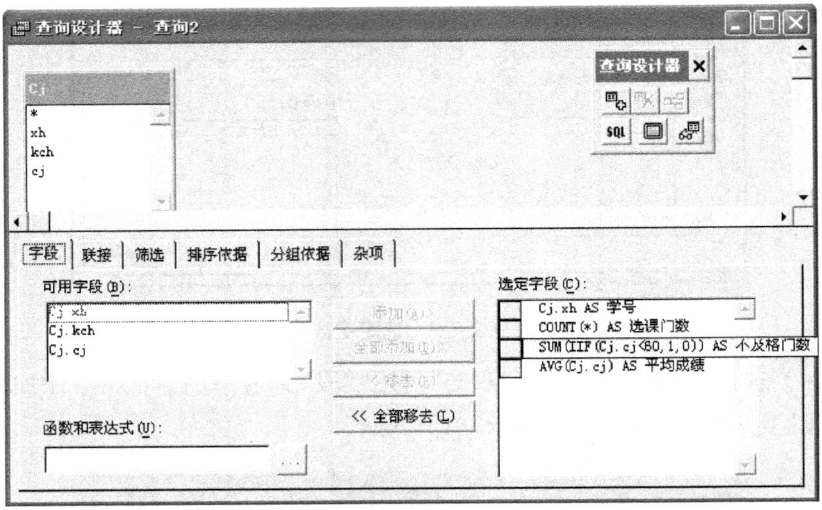

图 2-7-11　选定字段

（8）选择“排序依据”页面，双击“选定字段”列表下的表达式“AVG(cj.cj)”，添加到“排序条件”列表框，再在“排序选项”中单击“降序”按钮，如图 2-7-12。

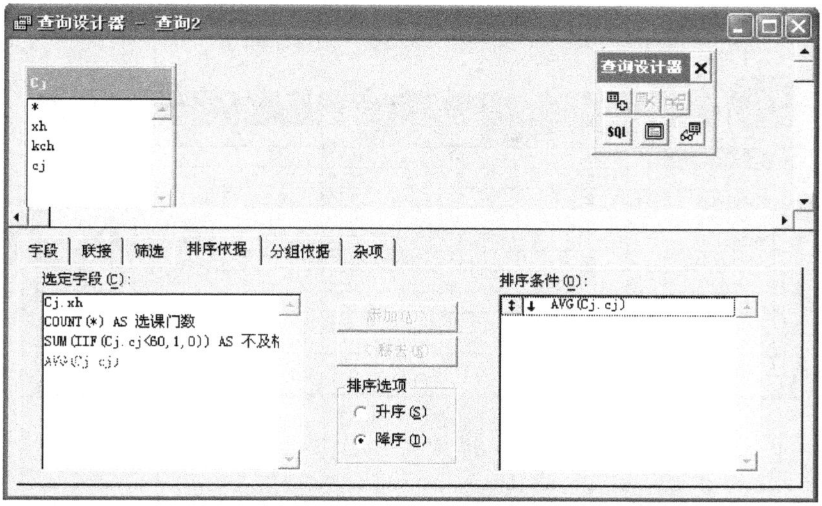

图 2-7-12　排序条件

（9）选择“查询”菜单下的“查询去向”，弹出“查询去向”对话框，选择“表”，输入表名：pjcj，单击“确定”按钮，如图 2-7-13 所示。

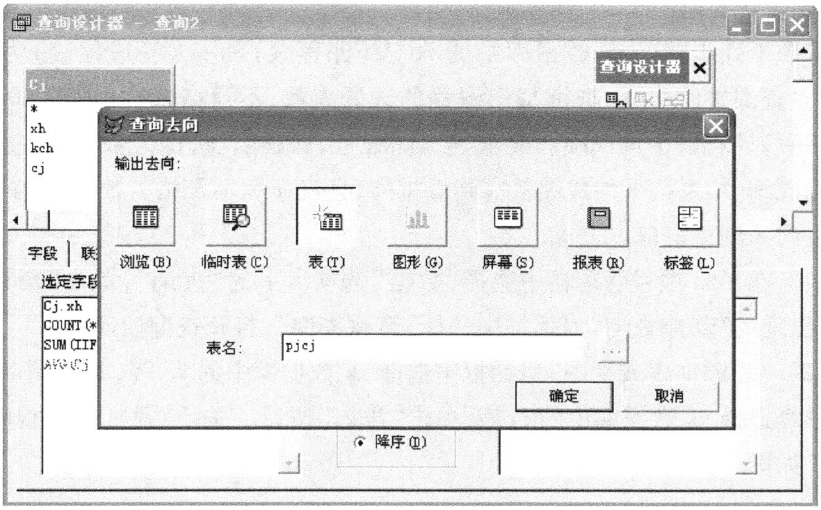

图 2-7-13　查询去向

（10）单击工具栏中的“！”按钮运行查询，结果保存到表文件 pjcj.dbf 中。单击“显示”系统菜单下的“浏览”，显示查询结果如图 2-7-14 所示。

学号	选课门数	不及格门数	平均成绩
2012010201	3	0	91.67
2012010101	3	0	88.00
2012010102	2	0	79.00
2012010203	2	0	75.00
2012020101	3	1	65.00
2012020103	3	1	61.00

图 2-7-14　查询结果

（11）单击查询设计器的“关闭”按钮，在弹出的对话框中单击“是”按钮，在“另存为”对话框里，输入查询文件名：cjcx，再单击“保存”按钮。

3. 多表查询

按照下列步骤以 xk 数据库中的 kc 表（课程表）和 cj 表（成绩表）为数据源，建立查询文件 kccx，查询每门课程的选课人数、不及格人数（成绩 60 分以下）及每门课程的平均成绩。要求输出课程号、课程名、选课人数、不及格人数和平均成绩，结果按平均成绩从高到低排列，且仅显示不及格人数为 0 的记录。查询去向为浏览窗口。

（1）在 xkxt 项目管理器中选择“数据”选项卡下的“查询”，单击“新建”按钮；在出现的“新建查询”对话框中选择“新建查询”，打开查询设计器。

（2）在“添加表或视图”对话框中选择 xk 数据库中的 kc 表，单击“添加”按钮。继续选择 xk 数据库中的 cj 表，单击“添加”按钮。关闭“添加表或视图”对话框。如图 2-7-15 所示。

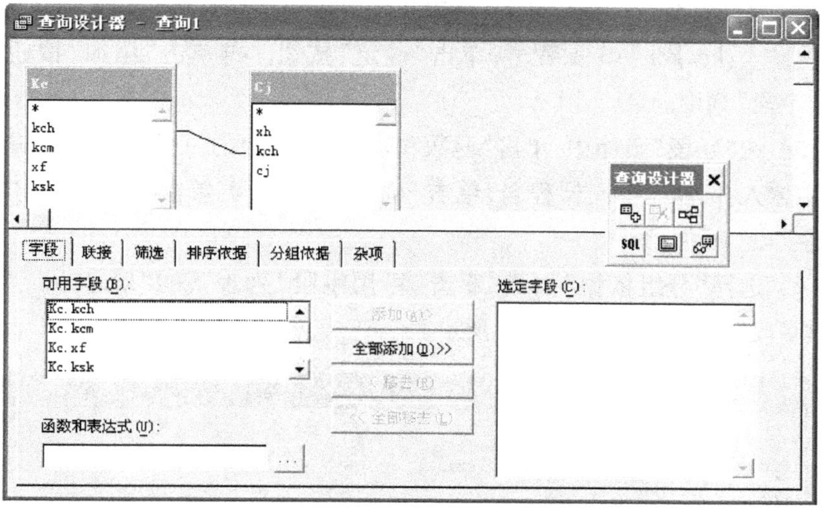

图 2-7-15　查询设计器

（3）选择"联接"页面，因为在 xk 数据库中已经根据 kch 字段建立了 kc 表和 cj 表的永久性关系，所以添加两张表到查询设计器后，联接条件自动生成（如果两张表没有建立永久性关系，需要自己按 kch 字段设置联接条件），如图 2-7-16 所示。

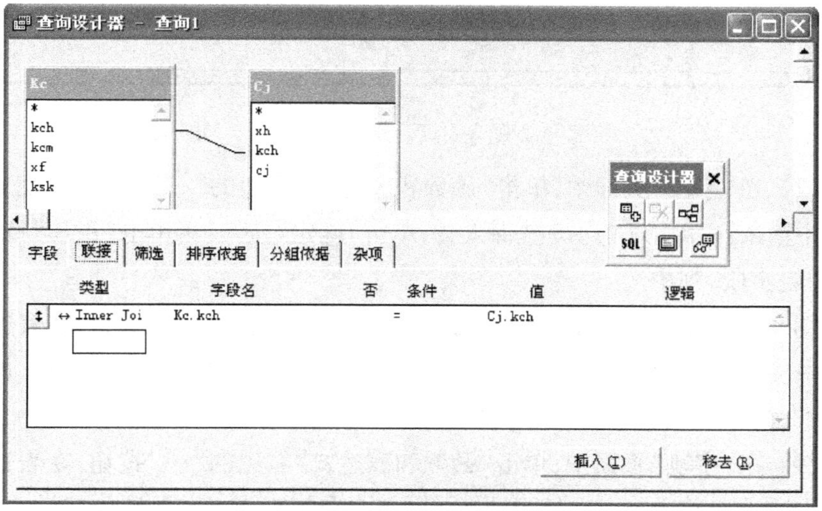

图 2-7-16　联接条件

(4) 在“字段”页面中,单击“函数和表达式”右边的“…”按钮,在表达式生成器中输入:kc. kch AS 课程号,单击“确定”按钮。再单击“添加”按钮,加入“选定字段”列中。

(5) 在“字段”页面中,单击“函数和表达式”右边的“…”按钮,在表达式生成器中输入:kc. kcm AS 课程名,单击“确定”按钮。再单击“添加”按钮,加入“选定字段”列中。

(6) 选择“分组依据”页面,双击“可用字段”列表下的“kc. kch”,添加到“分组字段”列表框,如图 2-7-17 所示。

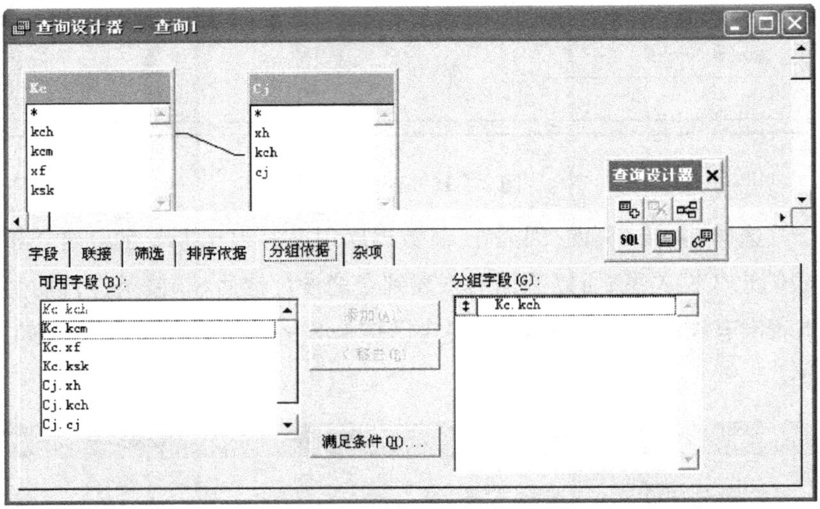

图 2-7-17　分组依据

(7) 在“字段”页面中,单击“函数和表达式”右边的“…”按钮,在表达式生成器中输入:COUNT(*) AS 选课人数,单击“确定”按钮,再单击“添加”按钮,加入“选定字段”列中。

(8) 在“字段”页面中,单击“函数和表达式”右边的“…”按钮,在表达式生成器中输入:SUM(IIF(cj<60,1,0)) AS 不及格人数,单击“确定”按钮,再单击“添加”按钮,加入“选定字段”列中。

(9) 在“字段”页面中,单击“函数和表达式”右边的“…”按钮,在表达式生成器中输入:AVG(cj. cj) AS 平均成绩,单击“确定”按钮,再单击“添加”按钮,加入“选定字段”列中,如图 2-7-18 所示。

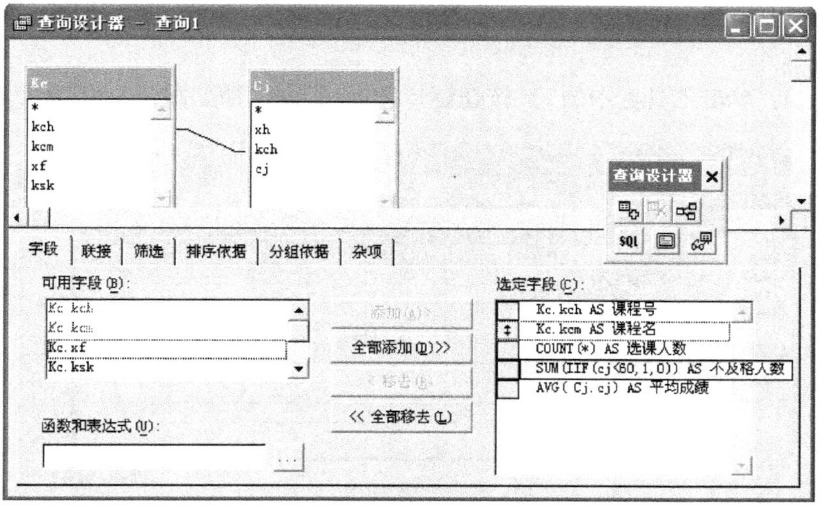

图 2-7-18 选定字段

(10) 选择“排序依据”页面,双击“选定字段”列表下的表达式“AVG(cj.cj)”,添加到“排序条件”列表框。再在“排序选项”中单击“降序”按钮。

(11) 选择“分组依据”页面,单击“满足条件”,弹出“满足条件”对话框,单击“字段名”下面列表,选择“不及格人数”,在下拉列表里选择“=”,在“实例”下面的文本框中输入:0,如图 2-7-19 所示。

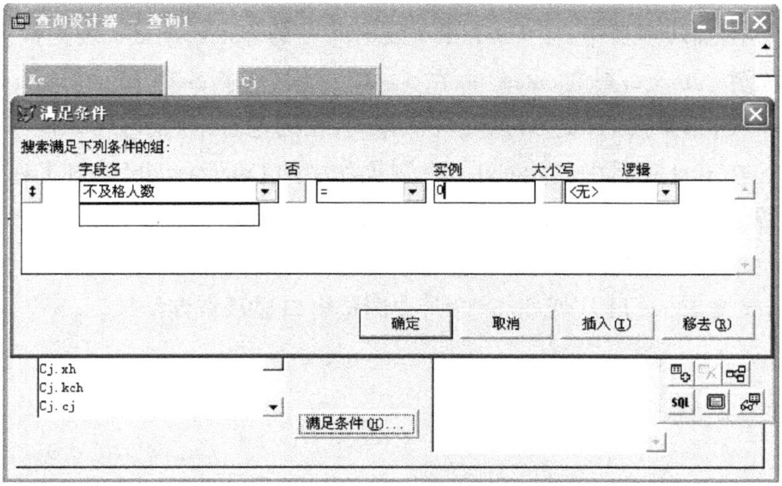

图 2-7-19 满足条件

（12）选择“查询”菜单下的“查询去向”，弹出“查询去向”对话框，选择“浏览”。

（13）单击工具栏中的“！”按钮运行查询，查询结果如图 2-7-20 所示。

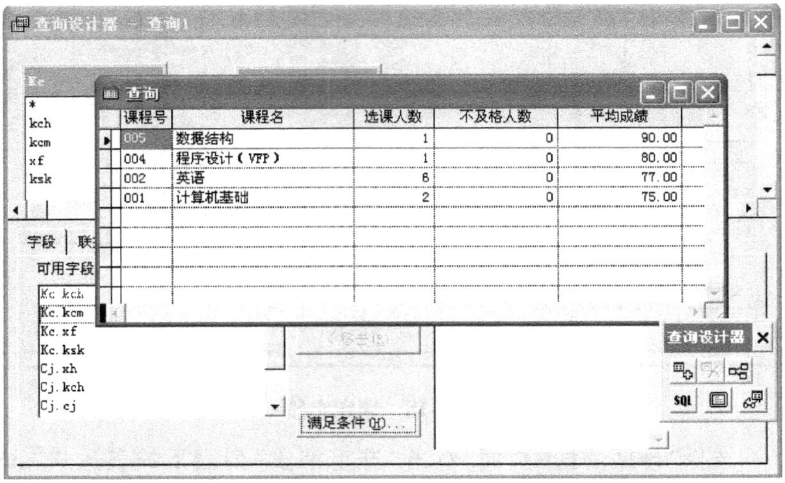

图 2-7-20　查询结果

（14）单击查询设计器的“关闭”按钮，在弹出的对话框中单击“是”按钮，在“另存为”对话框中，输入查询文件名为：kccx，再单击“保存”按钮。

4. 扩充思考操作题

（1）在 xkxt 项目中，以 Food.dbc 数据库中的 Category.dbf 表为数据源，建立查询文件 categcx，查询 categ_no 在 5～15 之间（包括 5 和 15）的记录，要求输出所有字段，结果按 categ_no 从高到低排列，在浏览窗口显示查询结果。

（2）在 xkxt 项目中，以 Food.dbc 数据库中的 Category.dbf 表和 Food.dbf 表为数据源，建立查询文件 cx，查询各 Category ID 的食品数、平均价格、最高价格和最低价格，要求输出 categ_id、categ_name、食品数、平均价格、最高价格和最低价格，结果按 categ_id 从低到高排列，在浏览窗口显示查询结果。

实验八　SELECT - SQL 命令的使用

实验目的和要求

通过本次实验，掌握 SELECT - SQL 命令的使用。

实验准备工作

（1）插入 U 盘，单击“工具”下的“选项”菜单项，选择“文件位置”页面，修改“默认目录”为 U 盘的 task 文件夹。

（2）单击“工具”下的“选项”菜单项，选择“区域”页面，在“年份”前打钩（即设置 CENTURY 为 ON）。

（3）打开 xkxt 项目文件，进入 xkxt 项目管理器。

实验内容

1. 查看已经建立的查询文件中的 SELECT - SQL 命令

（1）在 xkxt 项目管理器中选择“数据”选项卡下的“查询”，单击前面的加号展开查询文件名，单击“kccx”文件名，单击“修改”按钮，打开查询设计器。

（2）单击“查询设计器”工具栏里的“SQL”按钮，打开 kccx. qpr 程序编辑窗口，可以查看自动生成的 SELECT - SQL 命令，如图 2-8-1 和图 2-8-2 所示。

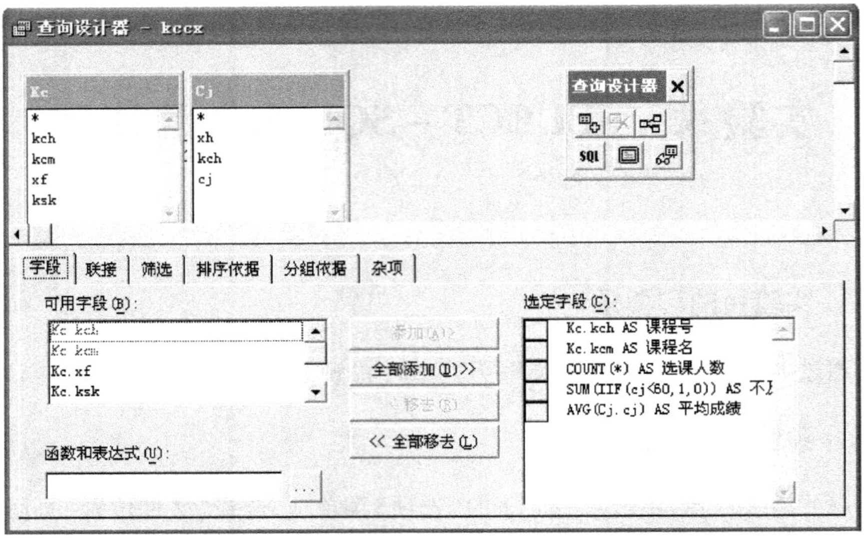

图 2-8-1　查询设计器

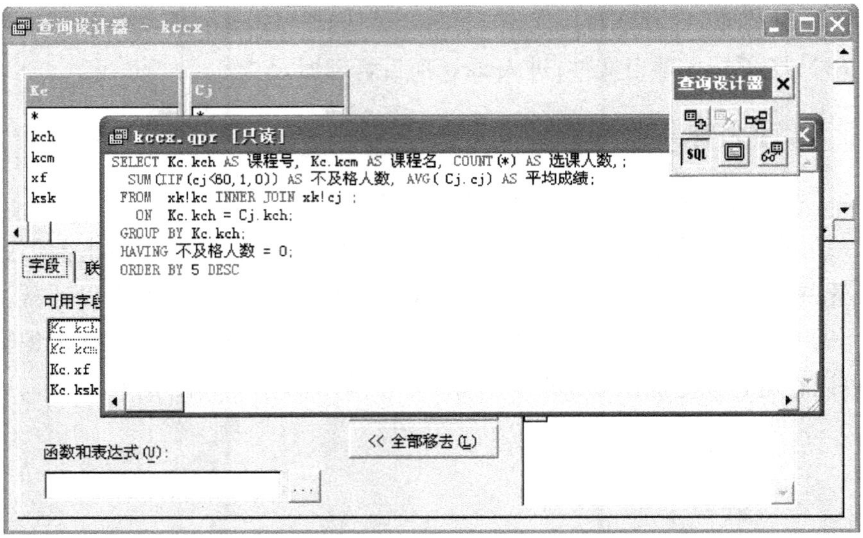

图 2-8-2　查看 SELECT - SQL 命令

2. SELELCT - SQL 命令的使用

在"命令"窗口(或者程序中)输入 SELECT - SQL 命令,对数据进行查询。

(1) 指定查询结果里的列,使用 FROM 子句指定数据来源。

① 显示 xs 表中所有的信息，在“命令”窗口中输入以下命令，观察显示结果：

```
SELECT * FROM xk!xs
```

② 显示 kc 表中所有课程的 kch（课程号）和 kcm（课程名），在“命令”窗口中输入以下命令，观察显示结果：

```
SELECT kc.kch,kc.kcm FROM xk!kc
```

（2）用 WHERE 子句筛选源表记录和建立源表之间的联接条件。

① 显示 xs 表中所有已婚（hf 字段的值为.T.）的男同学的信息，在“命令”窗口中输入以下命令，观察显示结果：

```
SELECT * FROM xk!xs WHERE xb='男' AND hf
```

② 显示 xs 表和 cj 表中所有 xh 第 5，6 位是'01'的学生的 xh（学号）、xm（姓名）、kch（课程号）和 cj（成绩），在“命令”窗口中输入以下命令，观察显示结果：

```
SELECT xs.xh,xs.xm,cj.kch,cj.cj;
  FROM xk!xs,xk!cj;
  WHERE xs.xh=cj.xh AND SUBSTR(xs.xh,5,2)='01'
```

③ 显示 cj 表中成绩在 70～80 分之间的记录，在“命令”窗口中输入以下命令，观察显示结果：

```
SELECT * FROM xk!cj WHERE cj.cj BETWEEN 70 and 80
```

④ 显示 cj 表中成绩为 60，70，80，90 分的记录，在“命令”窗口中输入以下命令，观察显示结果：

```
SELECT * FROM xk!cj WHERE cj.cj IN (60,70,80,90)
```

⑤ 显示 xs 表中所有姓张的同学的信息，在“命令”窗口中输入以下命令，观察显示结果：

```
SELECT * FROM xk!xs WHERE xs.xm LIKE '张%'
```

（3）用 JOIN…ON 子句建立源表之间的联接条件。

① 显示 kc 表和 cj 表中所有学生的 xh（学号）、kch（课程号）、kcm（课程名）和 cj（成绩），在“命令”窗口中输入以下命令，观察显示结果：

```
SELECT cj.xh,cj.kch,kc.kcm,cj.cj;
  FROM xk!kc INNER JOIN xk!cj;
  ON kc.kch =cj.kch
```

② 显示 xs 表、kc 表和 cj 表中所有学生的 xh（学号）、xm（姓名）、kch（课程号）、kcm（课程名）和 cj（成绩），在“命令”窗口中输入以下命令，观察显示结果：

```
SELECT xs.xh,xs.xm,kc.kch,kc.kcm,cj.cj;
  FROM xk!xs INNER JOIN xk!cj;
  INNER JOIN xk!kc ;
  ON kc.kch=cj.kch ;
  ON xs.xh=cj.xh
```

（4）用 INTO 和 TO 子句指定查询输出去向。

① 显示 xs 表中所有未婚（hf 字段的值为.F.）的同学的信息，并将结果保存到临时表 xstemp 中。在“命令”窗口中输入以下命令运行，再单击“显示”系统菜单下的“浏览”（或者输入 BROWSE 命令），显示查询结果：

```
SELECT * FROM xk!xs WHERE NOT hf;
  INTO CURSOR xstemp
```

② 显示 xs 表和 cj 表中所有出生年份是 1993 年的学生的 xh（学号）、xm（姓名）、kch（课程号）和 cj（成绩），并将结果保存到 xs1993temp.txt 的文本文件中。在“命令”窗口中输入以下命令，观察显示结果：

```
SELECT xs.xh,xs.xm,cj.kch,cj.cj;
  FROM xk!xs,xk!cj;
  WHERE xs.xh=cj.xh AND YEAR(csrq)=1993;
  TO FILE xs1993temp.txt
DIR *.txt        && 观察当前目录下生成了一个文本文件
```

（5）用 GROUP BY 子句指定记录的分组依据。

以 xk 数据库中的 cj 表（成绩表）为数据源，查询每个同学的选课门数、不及格门数（成绩 60 分以下）及所选课程的最高成绩和最低成绩。要求输出学号、选课门数、不及格门数、最高成绩和最低成绩。在“命令”窗口中输入以下命令运行，显示查询结果：

```
SELECT cj.xh,COUNT(*) AS 选课门数, SUM(IIF(cj.cj<60,1,0));
  AS 不及格门数,MAX(cj.cj) AS 最高成绩, MIN(cj.cj) AS 最低成绩;
  FROM xk!cj;
  GROUP BY cj.xh
```

（6）用 ORDER BY 子句指定查询结果的排列顺序。

以 xk 数据库中的 kc 表（课程表）和 cj 表（成绩表）为数据源，查询每门课程的选课人数和每门课程的平均成绩。要求输出课程号、课程名、选课人数和平均成绩，结果先按选课人数从高到低排列，再按平均成绩升序排列，并将结果保存到表 kcpjcj 中。在“命令”窗口中输入以下命令运行，再单击“显示”系统菜单下的“浏览”（或者输入 BROWSE 命令），显示查询结果：

```
SELECT  kc.kch,kc.kcm,COUNT(*) AS 选课人数,;
   AVG(cj.cj)  AS 平均成绩;
   FROM  xk!kc INNER JOIN xk!cj;
   ON  kc.kch = cj.kch;
   GROUP  BY  1;
   ORDER  BY  3  DESC,4;
   INTO  TABLE  kcpjcj
```

（7）用 HAVING 子句筛选查询结果记录。

以 xk 数据库中的 cj 表（成绩表）为数据源，查询每个同学的选课门数和不及格门数（成绩 60 分以下）。要求输出学号、选课门数、不及格门数，且只显示不及格门数不为 0 的记录。在“命令”窗口中输入以下命令，显示查询结果：

```
SELECT  cj.xh,COUNT(*)AS 选课门数,;
   SUM(IIF(cj.cj<60,1,0))  AS 不及格门数;
   FROM  xk!cj;
   GROUP  BY  cj.xh;
   HAVING 不及格门数#0
```

（8）用 DISTINCT 和 TOP 子句指定有无重复记录和显示的结果记录数。

① 显示 cj 表中学生的学号，不允许输出重复记录。在“命令”窗口中输入以下命令，显示查询结果：

```
SELECT  DISTINCT  cj.xh  FROM  xk!cj
```

② 以 xk 数据库中的 cj 表（成绩表）为数据源，查询每个同学的选课门数和总分。要求输出学号、选课门数和总分，要求只输出总分前 3 名的记录。在“命令”窗口中输入以下命令，显示查询结果：

```
SELECT  TOP  3  cj.xh,COUNT(*) AS 选课门数, SUM(cj.cj) AS 总分;
```

```
  FROM xk!cj;
  GROUP BY cj.xh;
  ORDER BY 3 DESC
```

③ 以 xk 数据库中的 cj 表(成绩表)为数据源,查询每个同学的选课门数和总分。要求输出学号、选课门数和总分,要求只输出总分前 30% 的记录。在“命令”窗口中输入以下命令,显示查询结果:

```
SELECT TOP 30 PERCENT cj.xh,COUNT(*) AS 选课门数,;
  SUM(cj.cj) AS 总分;
  FROM xk!cj;
  GROUP BY cj.xh;
  ORDER BY 3 DESC
```

(9) 用 UNION 子句组合多个查询结果。

以 xk 数据库中的 cj 表(成绩表)为数据源,查询课程号 kch 为'003'的不及格和及格的学生人数。在“命令”窗口中输入以下命令,显示查询结果:

```
SELECT '不及格' AS 成绩类型,COUNT(*) AS 人数;
  FROM xk!cj;
  WHERE cj.kch = '003' AND cj.cj < 60;
  UNION;
SELECT '及格' AS 成绩类型,COUNT(*) AS 人数;
  FROM xk!cj;
  WHERE cj.kch = '003' AND cj.cj >= 60
```

(10) 子查询。

查询 xs 表中已经选课的学生信息。在“命令”窗口中输入以下命令,显示查询结果:

```
SELECT * FROM xk!xs;
  WHERE xs.xh IN(SELECT DISTINCT cj.xh FROM xk!cj)
```

3. 扩充思考操作题

(1) 用 SELECT 命令在浏览窗口中显示表 Category.dbf 中所有 categ_no 大于等于 10 的记录内容,结果按 categ_no 从高到低排列。

(2) 用 SELECT 命令,以 Food.dbc 数据库中的 Category.dbf 表和 Food.dbf

表为数据源，查询各 Category ID 的食品数、平均价格、最高价格和最低价格，要求输出 categ_id、categ_name、食品数、平均价格、最高价格和最低价格，结果按 categ_id 从低到高排列，在浏览窗口显示查询结果。

（3）将 xs. dbf 表中学号（字段名为 xh）左 6 位为'201201'的记录存储到新表 new 中的命令是：

SELECT * FROM xs WHERE ________ = '201201' ________ DBF new

实验九　程序文件

实验目的和要求

通过本次实验，掌握程序文件的建立、修改和运行。掌握条件分支语句和循环语句的功能和使用方法。

实验准备工作

（1）插入 U 盘，单击“工具”下的“选项”菜单项，选择“文件位置”页面，修改“默认目录”为 U 盘的 task 文件夹。

（2）单击“工具”下的“选项”菜单项，选择“区域”页面，在“年份”前打钩（即设置 CENTURY 为 ON）。

（3）打开 xkxt 项目文件，进入 xkxt 项目管理器。

实验内容

1．条件分支程序

（1）使用 IF…ENDIF 语句，创建程序 dkxsb. prg。程序功能：首先测试当前目录下 xs. dbf 文件是否存在，如果存在，就打开 xs 表，并浏览记录。

① 在 xkxt 项目管理器中选择“代码”选项卡中的“程序”，单击“新建”按钮，打开程序文件的编辑窗口，输入程序命令内容，如图 2-9-1 所示。

② 单击程序编辑窗口右上角的关闭按钮，弹出如图 2-9-2 所示的对话框，单击“是”按钮，在“另存为”对话框中输入程序文件名：dkxsb（见图 2-9-3），然后单击“保存”按钮。

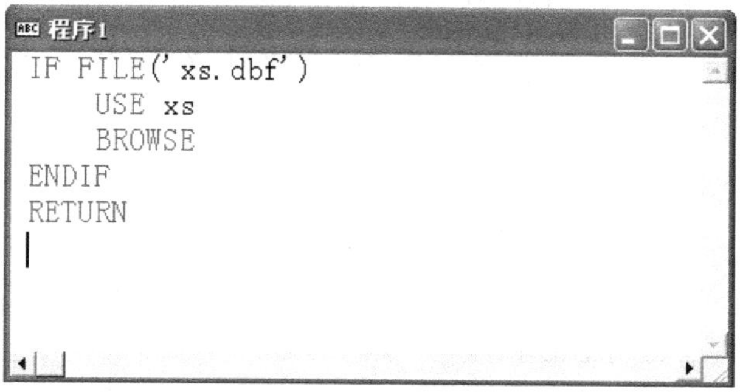

图 2-9-1　程序编辑窗口

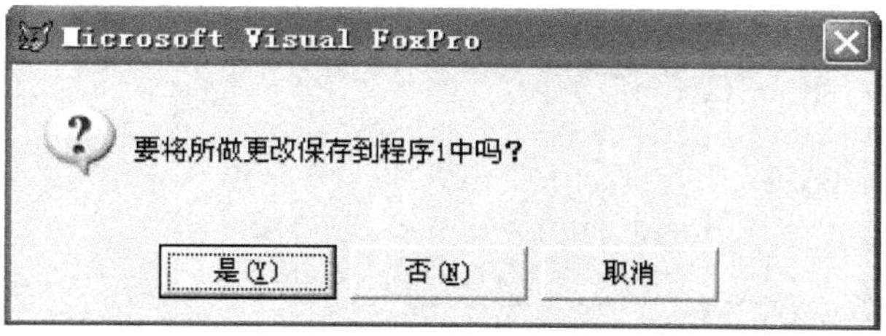

图 2-9-2　信息对话框

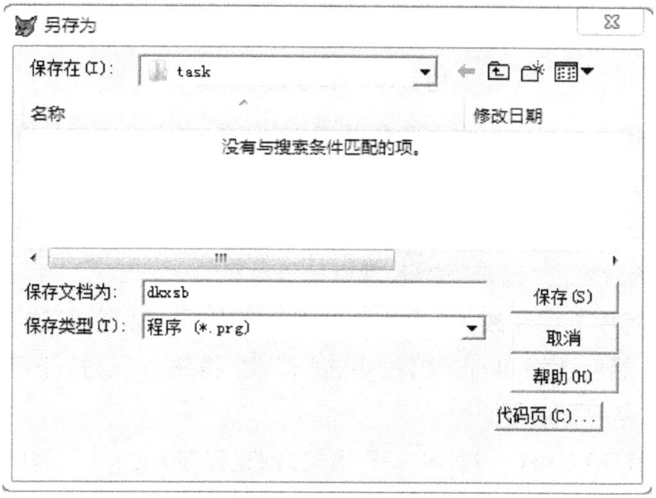

图 2-9-3　另存为对话框

③ 在 xkxt 项目管理器中,单击"代码"选项卡中"程序"前面的"＋",选择

dkxsb 程序文件,然后单击“运行”按钮,观察运行结果。

④ 如果程序需要修改,在 xkxt 项目管理器中,单击“代码”选项卡中“程序”前面的“ + ”,选择 dkxsb 文件,单击“修改”按钮,可以打开程序编辑窗口,修改程序,保存后再运行。

(2) 使用 IF…ELSE…ENDIF 语句,创建程序 dkcjb. prg。程序功能:首先测试当前目录下 cj 表是否已经打开,如果已经打开,就选择 cj 表为当前工作表,否则打开 cj 表,最后浏览记录。

① 在 xkxt 项目管理器中选择“代码”选项卡中的“程序”,单击“新建”按钮,打开程序文件的编辑窗口,输入程序命令内容,如图 2-9-4 所示。

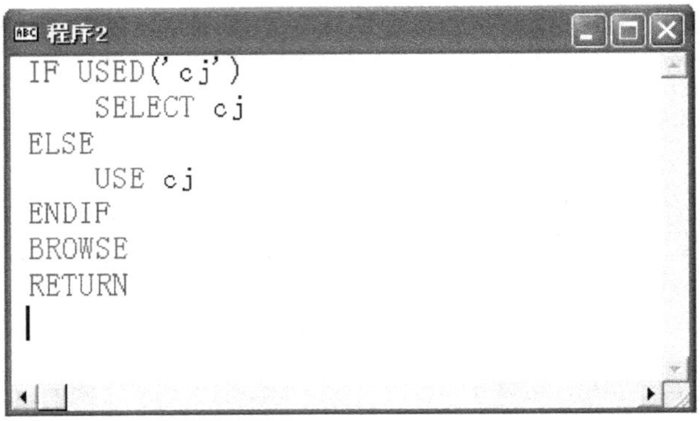

图 2-9-4　程序编辑窗口

② 单击程序编辑窗口右上角的关闭按钮,单击“是”,在“另存为”对话框中输入程序文件名:dkcjb,然后单击“保存”按钮。

③ 在 xkxt 项目管理器中,单击“代码”选项卡中“程序”前面的“ + ”,选择 dkcjb 文件,然后单击“运行”按钮,观察运行结果。

④ 如果程序需要修改,在 xkxt 项目管理器中,单击“代码”选项卡中“程序”前面的“ + ”,然后选择 dkcjb 文件,单击“修改”按钮,可以打开程序编辑窗口,修改程序,保存后再运行。

(3) 使用 DO CASE…ENDCASE 语句,创建程序 fcg. prg。程序功能:从键盘上任意输入 3 个实数,分别作为一元二次方程 $ax^2 + bx + c = 0$ 的 3 个系数,然后求解并显示方程的根。

① 在 xkxt 项目管理器中选择“代码”选项卡中的“程序”,单击“新建”按

钮,打开程序文件的编辑窗口,输入程序,程序清单如下:

```
CLEAR
INPUT 'a =' TO a
INPUT 'b =' TO b
INPUT 'c =' TO c
delta = b * b - 4 * a * c
DO CASE
CASE delta > 0
  ? '方程有两个不等的实数根:'
  ?? ( - b + SQRT( delta) )/(2 * a)
  ?? ( - b - SQRT( delta) )/(2 * a)
CASE delta = 0
  ? '方程有两个相等的实数根:'
  ?? - b/(2 * a)
CASE delta < 0
  ? '方程有两个复根:'
  real = - b/(2 * a)
  img = SQRT( - delta)/(2 * a)
  ? ALLTRIM( STR( real) ) + ' + ' + ALLTRIM( STR( img) ) + 'i'
  ? ALLTRIM( STR( real) ) + ' - ' + ALLTRIM( STR( img) ) + 'i'
ENDCASE
RETURN
```

② 单击程序编辑窗口右上角的关闭按钮,单击“是”,在“另存为”对话框中输入程序文件名:fcg,然后单击“保存”按钮。

③ 在 xkxt 项目管理器中,单击“代码”选项卡中“程序”前面的“ + ”,选择 fcg 文件,然后单击“运行”按钮,分别从键盘输入 a,b,c 的值,观察运行结果。

④ 如果程序需要修改,在 xkxt 项目管理器中,单击“代码”选项卡中“程序”前面的“ + ”,选择 fcg 文件,单击“修改”按钮,可以打开程序编辑窗口,修改程序,保存后再运行。

2. 循环程序

(1) 使用 DO WHILE…ENDDO 语句,创建程序 qh. prg。程序功能:计算 1+2 +3 +… +100 的和,并显示结果。

① 在 xkxt 项目管理器中选择“代码”选项卡中的“程序”,单击“新建”按钮,打开程序文件的编辑窗口,输入程序,程序清单如下:

```
CLEAR
i =1
s =0
DO WHILE i <=100
  s = s + i
  i =i +1
ENDDO
? s
RETURN
```

② 单击程序编辑窗口右上角的关闭按钮,单击“是”,在“另存为”对话框中输入程序文件名:qh,然后单击“保存”按钮。

③ 在 xkxt 项目管理器中,单击“代码”选项卡中“程序”前面的“ + ”,选择 qh 文件,然后单击“运行”按钮,观察运行结果。

④ 如果程序需要修改,在 xkxt 项目管理器中,单击“代码”选项卡中“程序”前面的“ + ”,选择 qh 文件,单击“修改”按钮,可以打开程序编辑窗口,修改程序,保存后再运行。

(2) 使用 DO WHILE…ENDDO 语句,创建程序 cx. prg。程序功能:在 cj 表中逐条查询 cj 字段值为 90 及以上的记录内容。

① 在 xkxt 项目管理器中选择“代码”选项卡中的“程序”,单击“新建”按钮,打开程序文件的编辑窗口,输入程序,程序清单如下:

```
CLEAR
IF USED('cj')
  SELECT cj
ELSE
  USE cj
```

```
ENDIF
LOCATE FOR cj >=90
DO WHILE NOT EOF( )
   DISPLAY
   CONTINUE
ENDDO
RETURN
```

② 单击程序编辑窗口右上角的关闭按钮，单击“是”，在“另存为”对话框中输入程序文件名：cx，然后单击“保存”按钮。

③ 在 xkxt 项目管理器中，单击“代码”选项卡中“程序”前面的“＋”，选择 cx 文件，然后单击“运行”按钮，观察运行结果。

④ 如果程序需要修改，在 xkxt 项目管理器中，单击“代码”选项卡中“程序”前面的“＋”，选择 cx 文件，单击“修改”按钮，可以打开程序编辑窗口，修改程序，保存后再运行。

（3）使用 FOR…ENDFOR 语句，创建程序 jc. prg。程序功能：从键盘上任意输入一个正整数，然后求其阶乘并显示。

① 在 xkxt 项目管理器中选择“代码”选项卡中的“程序”，单击“新建”按钮，打开程序文件的编辑窗口，输入程序，程序清单如下：

```
CLEAR
INPUT 'x =' TO x
result =1
FOR i =1  to x
   result = result * i
ENDFOR
? STR(x) +'! =' + ALLTRIM(STR(result))
RETURN
```

② 单击程序编辑窗口右上角的关闭按钮，单击“是”，在“另存为”对话框中输入程序文件名：jc，然后单击“保存”按钮。

③ 在 xkxt 项目管理器中，单击“代码”选项卡中“程序”前面的“＋”，选择 jc 文件，然后单击“运行”按钮，输入一个数，回车，观察运行结果。

④ 如果程序需要修改,在 xkxt 项目管理器中,单击“代码”选项卡中“程序”前面的“ + ”,选择 jc 文件,单击“修改”按钮,可以打开程序编辑窗口,修改程序,保存后再运行。

(4) 使用 SCAN…ENDSCAN 语句,创建程序 cjjf. prg。程序功能:给 cj 表中 cj 大于等于 60 小于 70 的记录 cj 值加 1 分,显示记录原来的值,再显示加分后的值,然后恢复原来的值。

① 在 xkxt 项目管理器中选择“代码”选项卡中的“程序”,单击“新建”按钮,打开程序文件的编辑窗口,输入程序。程序清单如下:

```
CLEAR
IF  USED('cj')
   SELECT  cj
ELSE
   USE  cj
ENDIF
SCAN  ALL  FOR  cj>=60   AND  cj <70
   DISPLAY
   REPLACE  cj  WITH  cj +1
   DISPLAY
   REPLACE  cj  WITH  cj -1
   DISPLAY
ENDSCAN
RETURN
```

② 单击程序编辑窗口右上角的关闭按钮,单击“是”,在“另存为”对话框中输入程序文件名:cjjf,然后单击“保存”按钮。

③ 在 xkxt 项目管理器中,单击“代码”选项卡中“程序”前面的“ + ”,选择 cjjf 文件,然后单击“运行”按钮,观察运行结果。

④ 如果程序需要修改,在 xkxt 项目管理器中,单击“代码”选项卡中“程序”前面的“ + ”,选择 cjjf 文件,单击“修改”按钮,可以打开程序编辑窗口,修改程序,保存后再运行。

(5) 在循环中使用 LOOP 语句,创建程序 loop. prg。程序功能:计算 1 ~ 100

之间能被3整除的奇数的和,并显示结果。

① 在xkxt项目管理器中选择“代码”选项卡中的“程序”,单击“新建”按钮,打开程序文件的编辑窗口,输入程序。程序清单如下:

```
CLEAR
s =0
FOR  i =1   TO   100   STEP 2
  IF  MOD(i,3)#0
    LOOP
  ENDIF
  s =s +i
ENDFOR
? s
RETURN
```

② 单击程序编辑窗口右上角的关闭按钮,单击“是”,在“另存为”对话框中输入程序文件名:loop,然后单击“保存”按钮。

③ 在xkxt项目管理器中,单击“代码”选项卡中“程序”前面的“+”,选择loop文件,然后单击“运行”按钮,观察运行结果。

④ 如果程序需要修改,在xkxt项目管理器中,单击“代码”选项卡中“程序”前面的“+”,选择loop文件,单击“修改”按钮,可以打开程序编辑窗口,修改程序,保存后再运行。

(6) 在循环中使用EXIT语句,创建程序exit.prg。程序功能:随机产生一个50~60之间(包括50和60)的两位整数,并显示出来。

① 在xkxt项目管理器中选择“代码”选项卡中的“程序”,单击“新建”按钮,打开程序文件的编辑窗口,输入程序。程序清单如下:

```
CLEAR
x =0
DO  WHILE   .T.
  x = INT( RAND( ) * 100)
  IF  x>=50 AND  x=<60
    EXIT
```

```
    ENDIF
ENDDO
? x
RETURN
```

② 单击程序编辑窗口右上角的关闭按钮，单击“是”，在“另存为”对话框中输入程序文件名：exit，然后单击“保存”按钮。

③ 在 xkxt 项目管理器中，单击“代码”选项卡中“程序”前面的“＋”，选择 exit 文件，然后单击“运行”按钮，观察运行结果。反复多次运行程序，观察结果。

④ 如果程序需要修改，在 xkxt 项目管理器中，单击“代码”选项卡中“程序”前面的“＋”，选择 exit 文件，单击“修改”按钮，可以打开程序编辑窗口，修改程序，保存后再运行。

（7）使用循环嵌套，创建程序 xhqt.prg。程序功能：显示一组“＊”组成的图形。

① 在 xkxt 项目管理器中选择“代码”选项卡中的“程序”，单击“新建”按钮，打开程序文件的编辑窗口，输入程序。程序清单如下：

```
CLEAR
FOR  i=1  TO 5
  FOR  j=1  TO i
    @i,j+1 SAY '*'
  NEXT
NEXT
RETURN
```

② 单击程序编辑窗口右上角的关闭按钮，单击“是”，在“另存为”对话框中输入程序文件名：xhqt，然后单击“保存”按钮。

③ 在 xkxt 项目管理器中，单击“代码”选项卡中“程序”前面的“＋”，选择 xhqt 文件，然后单击“运行”按钮，观察运行结果。

④ 如果程序需要修改，在 xkxt 项目管理器中，单击“代码”选项卡中“程序”前面的“＋”，选择 xhqt 文件，单击“修改”按钮，可以打开程序编辑窗口，修改程序，保存后再运行。

3. 位于程序底部的自定义函数的使用

使用自定义函数,创建程序 jch.prg。程序功能:计算 1!+2!+3!+4!+5!的和,并显示结果。

① 在 xkxt 项目管理器中选择“代码”选项卡中的“程序”,单击“新建”按钮,打开程序文件的编辑窗口,输入程序。程序清单如下:

```
CLEAR
s =0
FOR i =1  TO  5
  s = s + fjc(i)
ENDFOR
? s
RETURN
FUNCTION  fjc
  PARAMETERS  x
  p =1
  FOR  n =1   TO  x
    p = p * n
  ENDFOR
  RETURN p
ENDFUNC
```

② 单击程序编辑窗口右上角的关闭按钮,单击“是”,在“另存为”对话框中输入程序文件名:jch,然后单击“保存”按钮。

③ 在 xkxt 项目管理器中,单击“代码”选项卡中“程序”前面的“+”,选择 jch 文件,然后单击“运行”按钮,观察运行结果。

④ 如果程序需要修改,在 xkxt 项目管理器中,单击“代码”选项卡中“程序”前面的“+”,选择 jch 文件,单击“修改”按钮,可以打开程序编辑窗口,修改程序,保存后再运行。

4. 扩充思考操作题

(1) 下列程序的运行结果是________。

```
CLEAR
```

```
STORE 100 TO X1,X2
DO P4 WITH X1,(X2)
? X1,X2
* 过程 P4
PROCEDURE P4
PARAMETERS X1,X2
X1=X1+1
X2=X2+1
ENDPROC
```

(2) 下列程序的功能是:输入一个由 ASCII 码字符和 GB2312 字符集中汉字字符组成的字符串后,统计并显示出现次数最多的 10 个字符及其出现次数。要求修改下列程序中的两条错误语句,不允许增加或者减少语句数目。

```
CLEAR
ACCEPT '请输入: ' TO CCCC        && 输入一串字符赋给 CCCC
N = LEN(CCCC)
IF N =0
  RETURN
ENDIF
CREATE CURSOR TEMP(CC C(2),NN I)        && 用于存储字符及出现的次数
FOR I =1 TO N
  C =SUBSTR(CCCC,I,1)
  IF ASC(C) >127        && 汉字字符
    C =SUBSTR(CCCC,I,2)
    I =2
  ENDIF
  LOCATE FOR CC =C
  IF EOF( )
    INSERT INTO TEMP(CC,NN) VALUE(C,1)
  OTHER
    REPLACE NN WITH NN +1
```

```
    ENDIF
ENDFOR
SELECT TIP 10 CC,NN FROM TEMP ORDER BY 2 DESC
```

(3) 下列程序的功能是求一个三位数,该三位数等于其每位数字的阶乘之和,即 abc = a! + b! + c!。要求修改下列程序中的两条错误语句,不允许增加或者减少语句数目。

```
CLEAR
FOR I = 100 TO 999
S = 0
FOR J = 1 TO 3
  C = VAL(SUBSTR(STR(I),J,1))
  S = S + JC(C)
ENDFOR
IF S = I
  ?'三位数等于其每位数字的阶乘之和:',I
ENDIF
ENDFOR
FUNCTION JC
  PRIVATE X
  Y = 1
  FOR N = 1 TO X
    Y = Y * N
  ENDFOR
RETURN Y
ENDFUNC
```

实验十　表单设计(一)

实验目的和要求

通过本次实验，掌握表单文件的建立、表单设计器的使用和表单对象相关属性的设置。掌握表单常用控件的使用。

实验准备工作

(1) 插入 U 盘，单击“工具”下的“选项”菜单项，选择“文件位置”页面，修改“默认目录”为 U 盘的 task 文件夹。

(2) 单击“工具”下的“选项”菜单项，选择“区域”页面，在“年份”前打钩(即设置 CENTURY 为 ON)。

(3) 打开 xkxt 项目文件，进入 xkxt 项目管理器。

实验内容

1. 表单及其属性的设置

(1) 在 xkxt 项目管理器中选择“文档”选项卡中的“表单”，单击“新建”按钮，在出现的“新建表单”对话框中选择“新建表单”，打开表单设计器，如图 2-10-1所示。

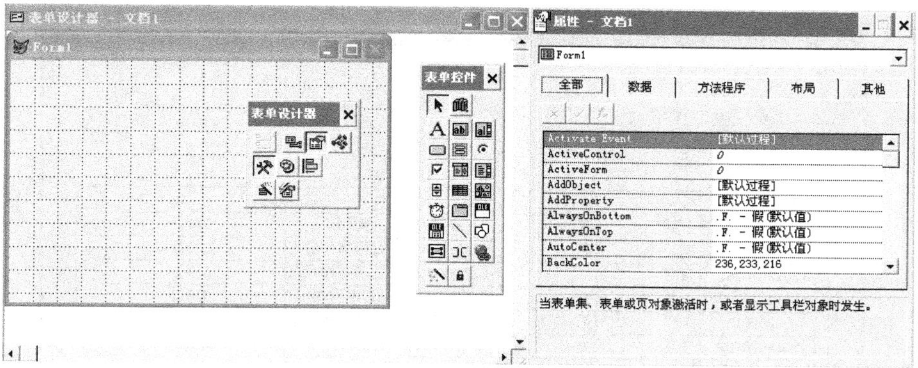

图 2-10-1　表单设计器

(2) 练习“属性”窗口、“表单设计器”工具栏、“表单控件”工具栏的打开、关闭和使用。

(3) 单击“表单设计器”工具栏上的“数据环境”按钮，添加 xs 表，观察“属性“窗口中 Cursor1 对象的相关属性(Exclusive，Filter，Order，ReadOnly)的属性说明。

(4) 用鼠标拖动“数据环境”中的 xs 表标题到表单中，创建一个表格(用鼠标拖动字段名字还可以添加各种其他控件)。

(5) 在“属性”窗口的对象列表中选择 Form1 对象，观察“属性”窗口中 Form1 对象的相关属性(AlwaysOnTop，AutoCenter，BackColor，BorderStyle，Caption，Closable，ControlBox，Height，Icon，Left，MaxButton，MinButton，Movable，Name，Top，Width，Windowstate)的属性说明。

(6) 设置 Form1 对象的 AutoCenter 为. T.，BackColor 为淡黄色，BorderStyle 为“2 - 固定对话框”，Caption 为“学生表浏览”，ControlBox 为. F.，Height 为 500，Width 为 600。

(7)单击“常用”工具栏的“运行”(红色感叹号)或者右击表单空白处，选“执行表单”，保存表单文件，文件名为：xsbj1. scx，观察这些属性设置对表单的运行效果(见图 2-10-2)的影响。

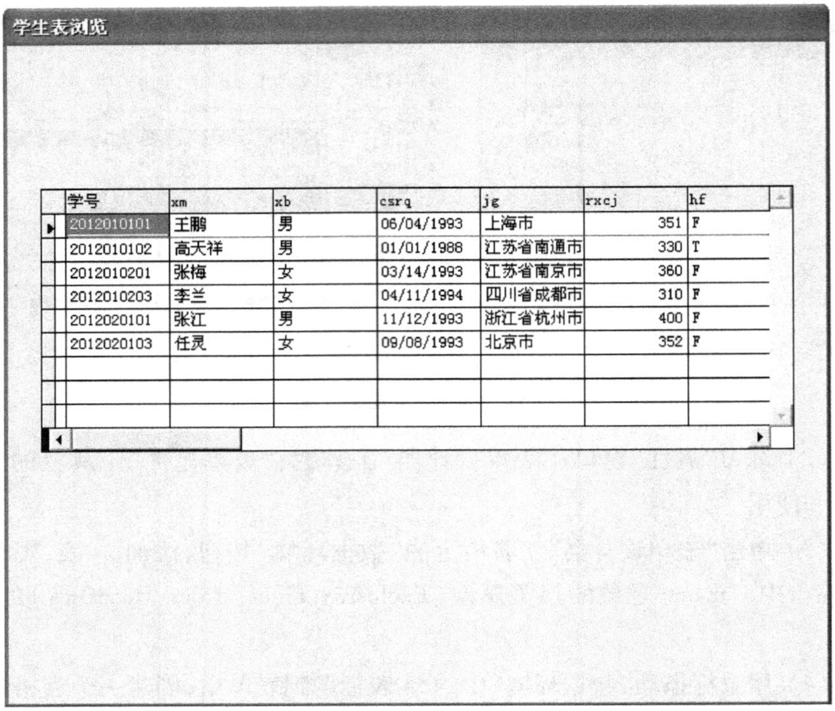

学号	xm	xb	csrq	jg	rxcj	hf
2012010101	王鹏	男	06/04/1993	上海市	351	F
2012010102	高天祥	男	01/01/1988	江苏省南通市	330	T
2012010201	张梅	女	03/14/1993	江苏省南京市	360	F
2012010203	李兰	女	04/11/1994	四川省成都市	310	F
2012020101	张江	男	11/12/1993	浙江省杭州市	400	F
2012020103	任灵	女	09/08/1993	北京市	352	F

图 2-10-2　表单运行效果

（8）单击“常用”工具栏的“修改表单”按钮，返回表单设计器，关闭表单设计器。

（9）如果表单需要修改，在 xkxt 项目管理器中，单击“文档”选项卡中“表单”前面的“＋”，选择 xsbj1 文件，单击“修改”按钮，打开表单设计器，修改表单，保存后再运行。

2．页框、标签、文本框和编辑框的使用

（1）在 xkxt 项目管理器中选择“文档”选项卡中的“表单”，单击“新建”按钮，在出现的“新建表单”对话框中选择“新建表单”，打开表单设计器。

（2）设置 Form1 对象的 AutoCenter 为 .T.，Caption 为“学生表浏览”，Height 为 500，Width 为 600。

（3）单击“表单控件”工具栏上的“页框”控件按钮，在表单中拖动鼠标，添加一个页框，并设置其 PageCount 属性值为 2。

(4) 设置 Page1 和 Page2 的 Caption 属性值分别为"编辑单个学生信息""表格浏览学生信息"。

(5) 设置 Page1 和 Page2 的 BackColor, ForeColor, FontName, FontSize, FontBold 等属性,观察这些属性对控件外观的影响。设置 Page1 和 Page2 的 FontSize 为 12。设计效果如图 2-10-3 所示。

图 2-10-3　页框设计效果

(6) 单击"表单设计器"工具栏上的"数据环境"按钮,添加 xs 表。

(7) 在"属性"窗口中选择 Page1,利用"表单控件"工具栏上的"标签"控件按钮向 Page1 中添加一个标签 Label1,设置其 Caption 属性值为"学号"。继续添加两个标签控件,设置其 Caption 属性值分别为"姓名""性别"。

(8) 按住键盘上的"Shift"键,单击 Label1, Label2, Label3,进行多重选定,同时设置 BackColor, ForeColor, FontName, FontSize, FontBold 等属性,设置 FontSise 为 12, AutoSize 为. T. 。观察这些属性对控件外观的影响。

(9) 设置 Label1 的 AutoSize 和 WordWrap 属性值均为. T. ,在表单上用鼠标调整 Label1 的大小,观察 AutoSize 和 WordWrap 对标签控件外观的影响;再重新设置 Label1 的 AutoSize 和 WordWrap 属性值分别为. F. 和. T. ,在表单上用鼠标调整 Label1 的大小,观察影响效果。设计效果如图 2-10-4 所示。

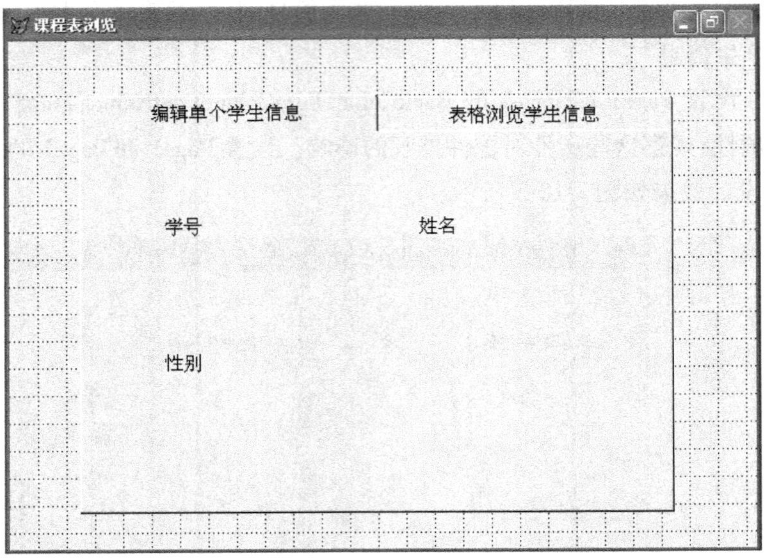

图 2-10-4　标签设计效果

(10) 在“属性”窗口中选择 Page1，利用“表单控件”工具栏上的“文本框”控件按钮向 Page1 中添加一个文本框 Text1，选择设置其 ControlSource 属性为“xs. xh”。

(11) 继续添加两个文本框控件，分别选择设置 ControlSource 属性为“xs. xm”和“xs. xb”。

(12) 多重选定三个文本框，设置 BackColor，ForeColor，FontName，FontSize，FontBold，Alignment，BorderStyle，BackStyle 等属性，设置 FontSize 为 12。观察这些属性对控件外观的影响。

(13) 单击“常用”工具栏的“运行”(红色感叹号)或者右击表单空白处，选“执行表单”，保存表单文件，文件名为 xsbj2. scx，观察这些属性设置对表单的运行效果(见图 2-10-5)的影响。

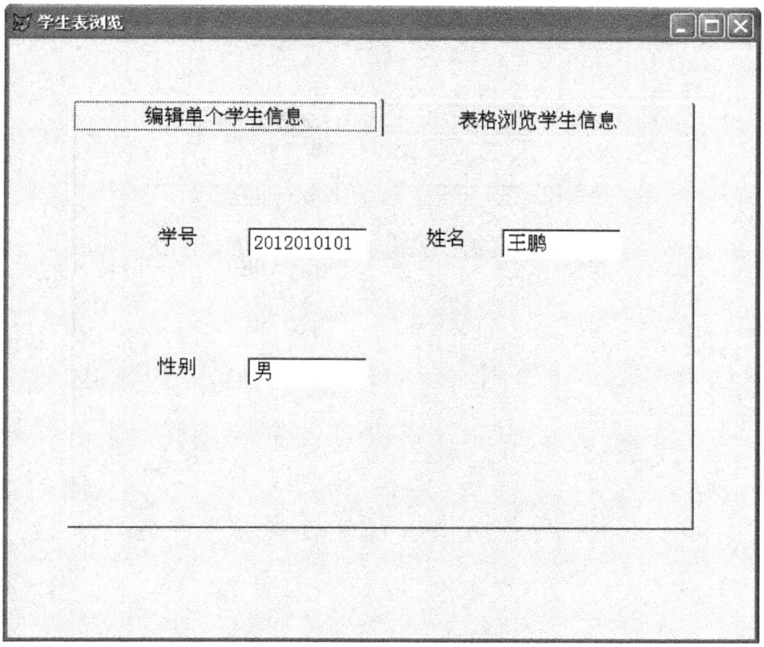

图 2-10-5　标签文本框设计运行效果

（14）单击“常用”工具栏的“修改表单”按钮，或者单击表单右上角关闭按钮，返回表单设计器。

（15）在“属性”窗口中选择 Page1，添加一个标签 Label4，设置其 Caption 属性值为“备注”，设置 FontSize 为 12，AutoSize 为.T.。利用“表单控件”工具栏上的“编辑框”控件按钮向 Page1 中添加一个编辑框 EditBox1，设置其 ControlSource 属性为“bz 字段”，FontSize 为 12。设置 EditBox1 的 ScrollBars 属性，观察属性对控件外观的影响。

（16）单击“常用”工具栏的“运行”（红色感叹号）或者右击表单空白处，选“执行表单”，运行效果如图 2-10-6 所示。

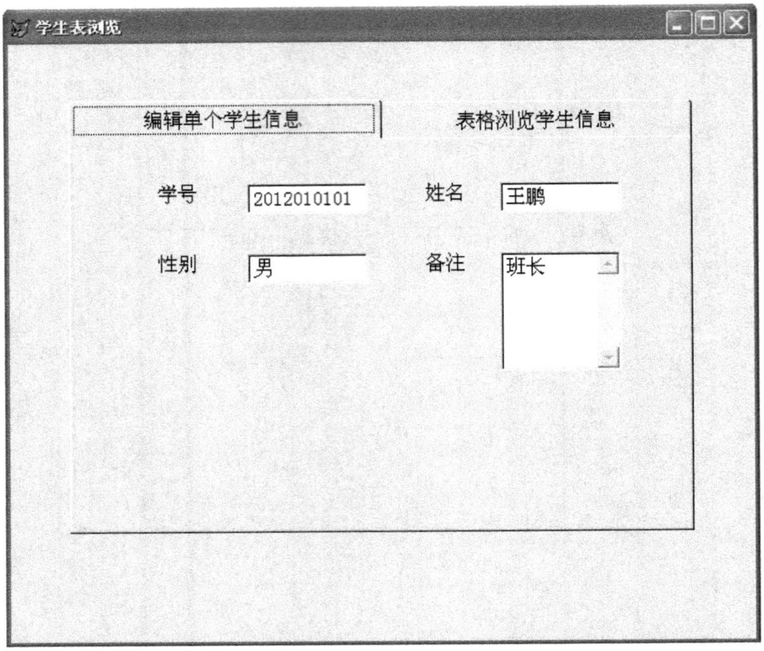

图 2-10-6　编辑框设计运行效果

(17) 单击“常用”工具栏的“修改表单”按钮,返回表单设计器,关闭表单设计器。

(18) 如果表单需要修改,在 xkxt 项目管理器中,单击“文档”选项卡中“表单”前面的“ + ”,选择 xsbj2 文件,单击“修改”按钮,打开表单设计器,修改表单,保存后再运行。

3. 选项按钮组、复选框和微调控件的使用

(1) 在 xkxt 项目管理器中,单击“文档”选项卡中“表单”前面的“ + ”,选择 xsbj2 文件,单击“修改”按钮,可以打开表单设计器,修改表单。

(2) 在“属性”窗口中选择 Page1,右击文本框 Text3,选择“剪切”。单击“表单控件”工具栏上的“选项按钮组”控件按钮,在表单中拖动鼠标,添加一个选项按钮组 OptionGroup1,右击该选项按钮组,选“生成器”,设置其按钮数目(ButtonCount)为 2,两个按钮的标题(Caption)分别为“男”“女”,值(选项按钮组的 ControlSource)为“xs. xb”。设置 Option1 和 Option2 的 FontSize 为 12,OptionGroup1,Option1,Option2 的 AutoSize 均为. T. 。

(3) 单击“常用”工具栏的“运行”(红色感叹号)或者右击表单空白处,选“执行表单”,运行效果如图 2-10-7 所示。

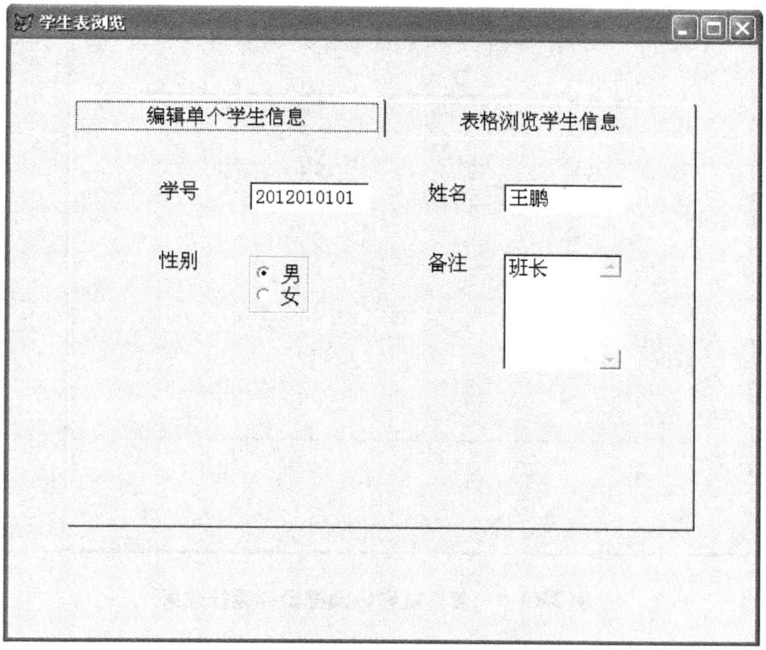

图 2-10-7　选项按钮组设计运行效果

(4) 单击“常用”工具栏的“修改表单”按钮,返回表单设计器。

(5) 在“属性”窗口中选择 Page1,利用“表单控件”工具栏上的“复选框”控件按钮向 Page1 中添加一个复选框 Check1,设置其 Caption 属性值为“婚否”,ControlSource 属性为“hf 字段”。设置 FontSize 为 12, AutoSize 为.T.。

(6) 在“属性”窗口中选择 Page1,利用“表单控件”工具栏上的“标签”控件按钮和“微调控件”按钮向 Page1 中添加一个标签 Label5 和一个微调控件 Spinner1,设置 Label5 的 Caption 属性值为“入学成绩”,设置 Spinner1 的 ControlSource 属性为“rxcj 字段”。设置 Label5 和 Spinner1 的 FontSize 为 12,Label5 的 AutoSize 为.T.。

(7) 单击“常用”工具栏的“运行”(红色感叹号)或者右击表单空白处,选“执行表单”,运行效果如图 2-10-8 所示。

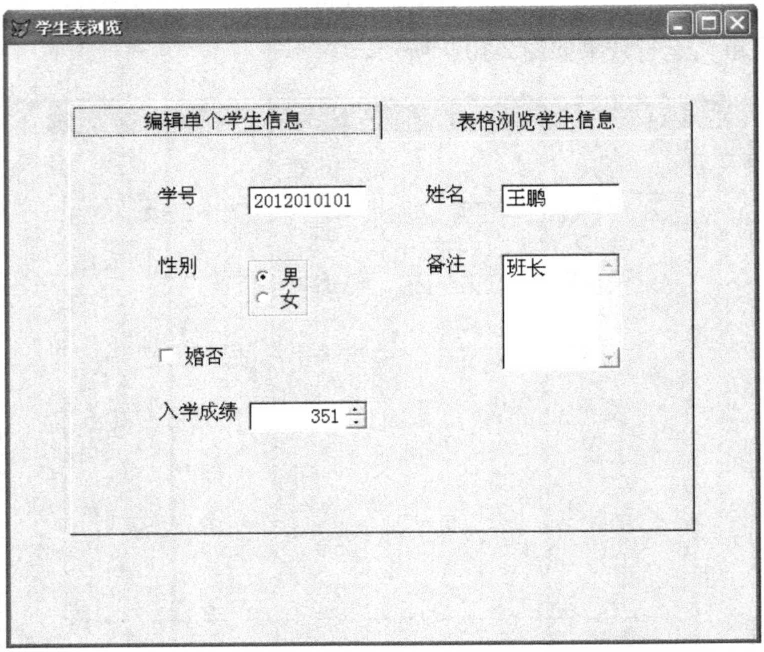

图 2-10-8　复选框和微调框设计运行效果

(8) 单击“常用”工具栏的“修改表单”按钮，或者单击表单右上角关闭按钮，返回表单设计器。关闭表单设计器。

(9) 如果表单需要修改，在 xkxt 项目管理器中，单击“文档”选项卡中“表单”前面的“+”，选择 xsbj2 文件，单击“修改”按钮，打开表单设计器，修改表单，保存后再运行。

4．命令按钮和命令按钮组的使用

(1) 在 xkxt 项目管理器中，单击“文档”选项卡中“表单”前面的“+”，选择 xsbj2 文件，单击“修改”按钮，打开表单设计器，修改表单。

(2) 在“属性”窗口中选择 Page1，单击“表单控件”工具栏上的“命令按钮”控件按钮，在表单中拖动鼠标，添加一个命令按钮 Command1，设置其 Caption 属性为“退出(\<Y)”，FontSise 为 12。

(3) 双击 Command1，打开“代码”窗口，在“Command1”对象的“Click”过程中输入以下命令：

```
sure = MESSAGEBOX("确定要退出吗?",4 +256 +32,"确认窗口")
```

IF　　sure =6

　　Thisform. Release

ENDIF

(4) 关闭“代码”窗口,单击“常用”工具栏的“运行”(红色感叹号)或者右击表单空白处,选“执行表单”。观察运行结果,单击“退出”按钮或者使用访问键 Alt + Y,效果如图 2-10-9 所示。

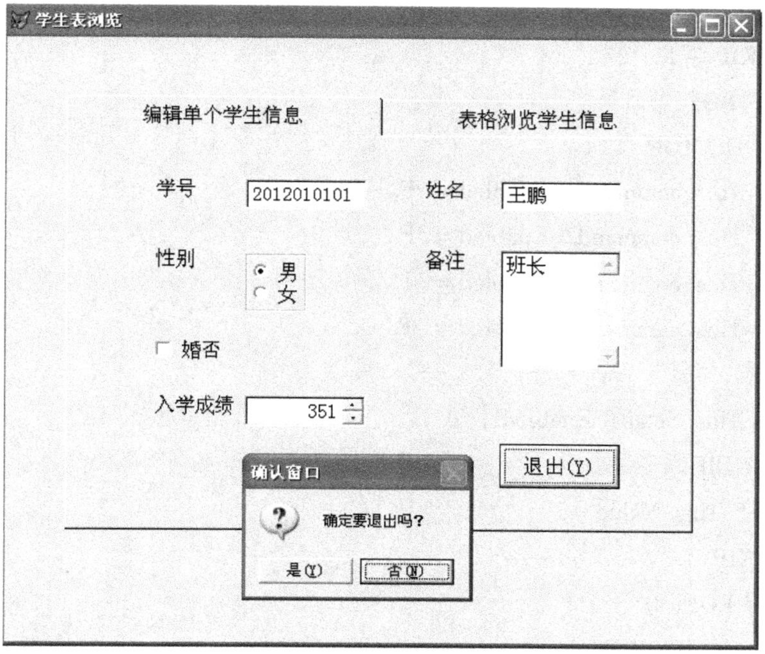

图 2-10-9　命令按钮设计运行效果

(5) 单击“是”按钮,结束表单运行,返回表单设计器。

(6) 在“属性”窗口中选择 Page1,单击“表单控件”工具栏上的“命令按钮组”控件按钮,在表单中拖动鼠标,添加一个命令按钮组 CommandGroup1,右击该命令按钮组,选“生成器”,设置其按钮数目(ButtonCount)为 4,4 个按钮的标题(Caption)分别为“首记录”“上一个”“下一个”“末记录”,按钮布局为水平。

(7) 双击 CommandGroup1,打开“代码”窗口,在“CommandGroup1”对象的“Click”过程中输入以下命令:

DO CASE

```
CASE This. Value = 1
   GO TOP
   This. command1. Enabled = . F.
   This. command2. Enabled = . F.
   This. command3. Enabled = . T.
   This. command4. Enabled = . T.
CASE This. Value = 2
   SKIP  -1
   IF BOF( )
      GO TOP
      This. command1. Enabled = . F.
      This. command2. Enabled = . F.
      This. command3. Enabled = . T.
      This. command4. Enabled = . T.
ELSE
      This. Setall( 'Enabled',. T. )
   ENDIF
CASE This. Value = 3
   SKIP
   IF EOF( )
      GO BOTTOM
      This. command1. Enabled = . T.
      This. command2. Enabled = . T.
      This. command3. Enabled = . F.
      This. command4. Enabled = . F.
   ELSE
      This. SetAll( 'Enabled',. T. )
   ENDIF
CASE This. Value = 4
   GO BOTTOM
```

```
    This.command1.Enabled = .T.
    This.command2.Enabled = .T.
    This.command3.Enabled = .F.
    This.command4.Enabled = .F.
ENDCASE
Thisform.Refresh
```

(8) 关闭“代码”窗口,单击“常用”工具栏的“运行”(红色感叹号)或者右击表单空白处,选“执行表单”。单击各命令按钮,观察运行结果,效果如图2-10-10所示。

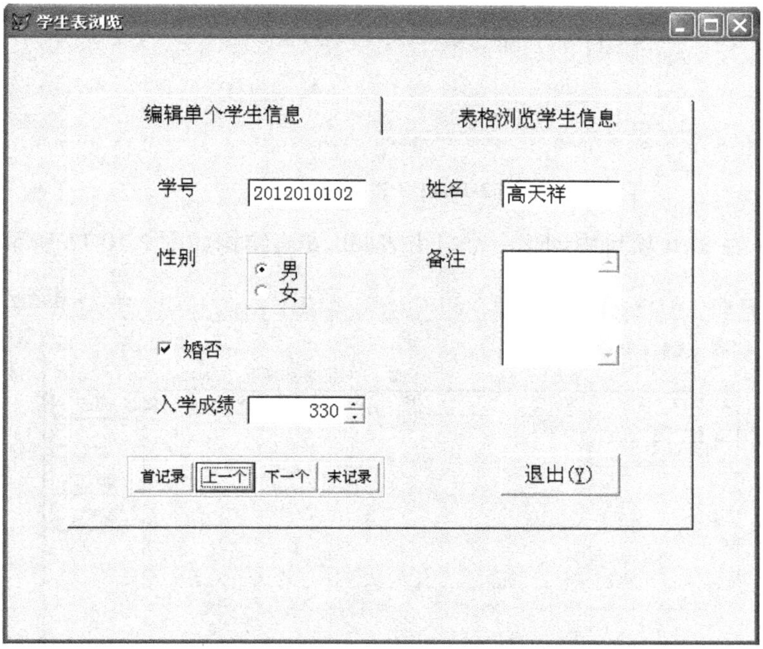

图 2-10-10　命令按钮组设计运行效果

(9) 单击“常用”工具栏的“修改表单”按钮,或者单击表单右上角关闭按钮,返回表单设计器。关闭表单设计器。

(10) 如果表单需要修改,在 xkxt 项目管理器中,单击“文档”选项卡中“表单”前面的“+”,选择 xsbj2 文件,单击“修改”按钮,打开表单设计器,修改表单,保存后再运行。

5. 扩充思考操作题

(1) 在 xkxt 项目中创建用于浏览表 Category. dbf 记录内容的表单 Categ-browse. scx,添加相应的控件、设置相关属性和事件代码,表单运行效果如图 2-10-11所示。

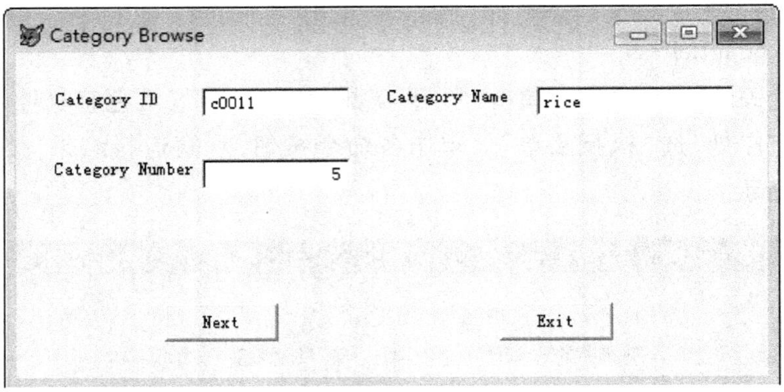

图 2-10-11　表单运行效果

(2) 在 xkxt 项目中创建一个自由表 klb. dbf,结构如图 2-10-12 所示。

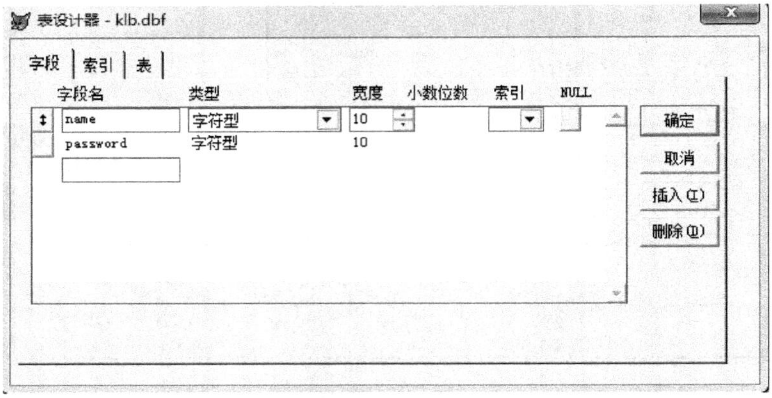

图 2-10-12　klb 表结构

记录内容如图 2-10-13 所示。

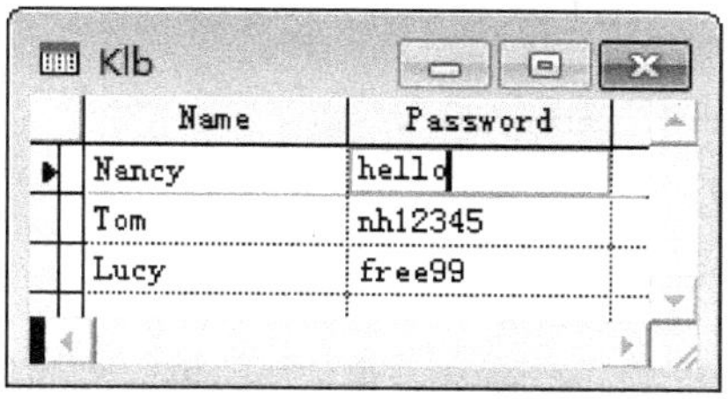

图 2-10-13　klb 表记录

（3）在 xkxt 项目中创建用于用户登录的表单 Login. scx,添加相应的控件、设置相关属性,密码后面的文本框的占位符为“ * ”。假设用户名和密码已存储在上题的 klb 表中,完善命令按钮组(包含两个命令按钮“确定”和“取消”)的 Click 事件代码,以实现:当用户输入用户名和密码并单击“确定”按钮时,若用户名输入错误,则提示“用户名错误!”;若用户名输入正确而密码错误时,则提示“密码错误!”;用户名和密码都正确时显示“欢迎使用!”,然后关闭释放表单;单击“取消”按钮时关闭释放表单。例如,输入正确的用户名和密码时运行结果如图 2-10-14 所示。

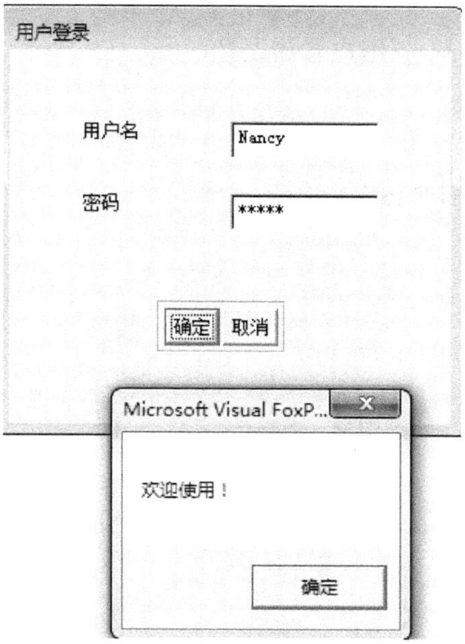

图 2-10-14　表单运行效果

```
IF ________________ = 1
   IF NOT ________________
      SELECT 0
      USE klb
   ELSE
      SELECT klb
   ENDIF
   LOCATE FOR ALLTRIM(name) == ALLTRIM(THISFORM.text1.Value)
   IF FOUND( )
      IF ALLTRIM(password) == ALLTRIM(THISFORM.text2.Value)
         MESSAGEBOX('欢迎使用!')
         THISFORM.RELEASE
      ELSE
         MESSAGEBOX('密码错误!')
      ENDIF
   ________
      MESSAGEBOX( '用户名错误!')
   ENDIF
ELSE
   THISFORM.RELEASE
ENDIF
```

实验十一　表单设计(二)

实验目的和要求

通过本次实验,掌握表单中列表框、组合框、计时器和表格等控件的使用。掌握子类的创建。

实验准备工作

(1) 插入 U 盘,单击“工具”下的“选项”菜单项,选择“文件位置”页面,修改“默认目录”为 U 盘的 task 文件夹。

(2) 单击“工具”下的“选项”菜单项,选择“区域”页面,在“年份”前打钩(即设置 CENTURY 为 ON)。

(3) 打开 xkxt 项目文件,进入 xkxt 项目管理器。

实验内容

1. 列表框练习

(1) 在 xkxt 项目管理器中选择“文档”选项卡中的“表单”,单击“新建”按钮,在出现的“新建表单”对话框中选择“新建表单”,打开表单设计器。

(2) 设置 Form1 对象的 AutoCenter 为. T. , Caption 为“列表框组合框练习一”, Height 为 500,Width 为 600。

(3) 单击“表单控件”工具栏上的“列表框”控件按钮,在表单中拖动鼠标,添加一个列表框 List1,并设置其 RowSourceType 为 0。

(4) 双击 Form1 对象,打开“代码”窗口,在“Form1”对象的“Init”过程中输入以下命令:

```
Thisform. list1. AddItem('A')
Thisform. list1. AddItem('B')
```

```
Thisform. list1. AddItem('C')
Thisform. list1. AddItem('D')
Thisform. list1. AddItem('E')
Thisform. list1. AddItem('F')
```

(5) 关闭“代码”窗口,单击“常用”工具栏的“运行”(红色感叹号)或者右击表单空白处,选“执行表单”,保存表单文件,文件名为 lbkzhk1. scx。观察运行结果。

(6) 单击“常用”工具栏的“修改表单”按钮,或者单击表单右上角关闭按钮,返回表单设计器。

(7) 单击“表单控件”工具栏上的“命令按钮”控件按钮,在表单中拖动鼠标,添加一个命令按钮 Command1,设置其 Caption 属性为“去掉选中的列项”。

(8) 双击 Command1,打开“代码”窗口,在“Command1”对象的“Click”过程中输入以下命令:

```
a1 = Thisform. list1. ListIndex
Thisform. list1. RemoveItem(a1)
```

(9) 关闭“代码”窗口,单击“常用”工具栏的“运行”(红色感叹号)或者右击表单空白处,选“执行表单”。单击列表框中的“C”,然后单击“去掉选中的列项”按钮,运行效果如图 2-11-1 所示。

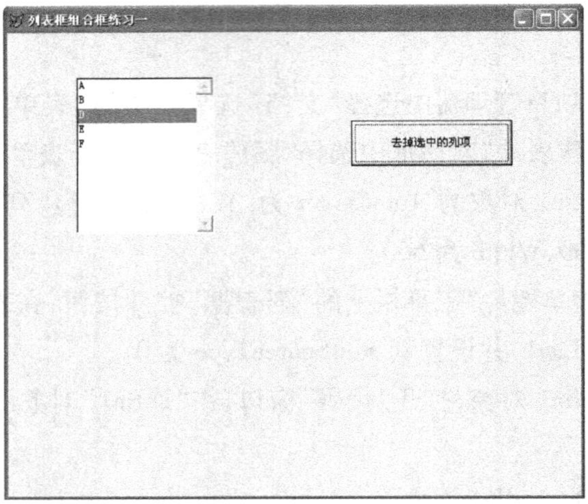

图 2-11-1　列表框设计运行效果

(10) 如果表单需要修改,在 xkxt 项目管理器中,单击"文档"选项卡中"表单"前面的"+",选择 Lbkzhk1 文件,单击"修改"按钮,打开表单设计器,修改表单,保存后再运行。

2. 组合框练习

(1) 在 xkxt 项目管理器中,单击"文档"选项卡中"表单"前面的"+",选择 xsbj2 文件,单击"修改"按钮,打开表单设计器,修改表单。

(2) 在"属性"窗口中选择 Page1,右击标签控件"性别"右边的选项按钮组 OptionGroup1,选择"剪切"。单击"表单控件"工具栏上的"组合框"控件按钮,在表单中拖动鼠标,添加一个组合框 Combo1,设置其 FontSize 属性值为 12,Style 属性值为"2 - 下拉列表框", ControlSource 为"xs. xb",RowSourceType 为"1 - 值", RowSource 为"男,女"。

(3) 单击"常用"工具栏的"运行"(红色感叹号)或者右击表单空白处,选"执行表单"。单击"性别"后面的组合框,进行性别的设置,观察运行结果,效果如图 2-11-2。

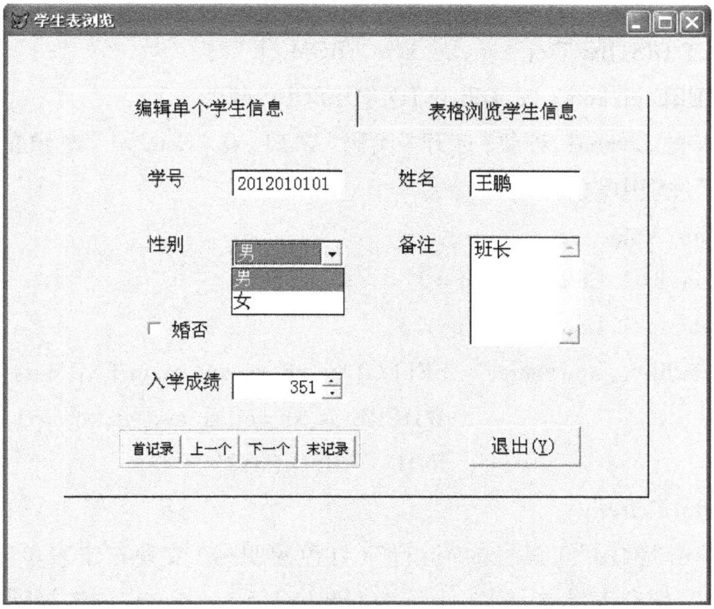

图 2-11-2　组合框设计运行效果

(4) 单击"常用"工具栏的"修改表单"按钮,或者单击表单右上角关闭按钮，返回表单设计器。关闭表单设计器。

（5）如果表单需要修改，在 xkxt 项目管理器中，单击“文档”选项卡中“表单”前面的“+”，选择 xsbj2 文件，单击“修改”按钮，打开表单设计器，修改表单，保存后再运行。

3. 利用组合框列表框进行查询

（1）在 xkxt 项目管理器中选择“文档”选项卡中的“表单”，单击“新建”按钮，在出现的“新建表单”对话框中选择“新建表单”，打开表单设计器。

（2）设置 Form1 对象的 AutoCenter 为 .T.，Caption 为“列表框组合框练习二”，Height 为 500，Width 为 600。

（3）利用“表单控件”工具栏上的“标签”控件按钮向表单中添加两个标签 Label1 和 Labe2，设置 FontSize 为 12，设置其 Caption 属性值分别为“请选择课程号：”和“所有选择该课程的成绩情况：”。

（4）分别利用“表单控件”工具栏上的“组合框”和“列表框”控件按钮，在表单中添加一个组合框 Combo1 和一个列表框 List1，设置 Combo1 的 ColumnCount 为 2，RowSourceType 为“3 - SQL 语句”，RowSource 为：

```
SELECT DISTINCT cj.kch,kc.kcm FROM cj,kc;
   WHERE cj.kch = kc.kch INTO CURSOR xx1
```

（5）双击 Combo1 对象，打开“代码”窗口，在“Combo1”对象的“InteractiveChange”过程中输入以下命令：

```
x1 = This.Value
Thisform.list1.ColumnCount = 3
Thisform.list1.RowSourcetype = 3
Thisform.list1.RowSource = 'SELECT cj.xh,xs.xm,cj.cj FROM xs,cj;
                            WHERE xs.xh =cj.xh and cj.kch =x1;
                            INTO CURSOR xx2'
Thisform.Refresh
```

（6）单击“常用”工具栏的“运行”（红色感叹号）或者右击表单空白处，选“执行表单”，保存表单文件，文件名为 Lbkzhk2.scx。单击“请选择课程号：”下面的组合框，可以进行课程的选择，观察运行结果，效果如图 2-11-3 所示。

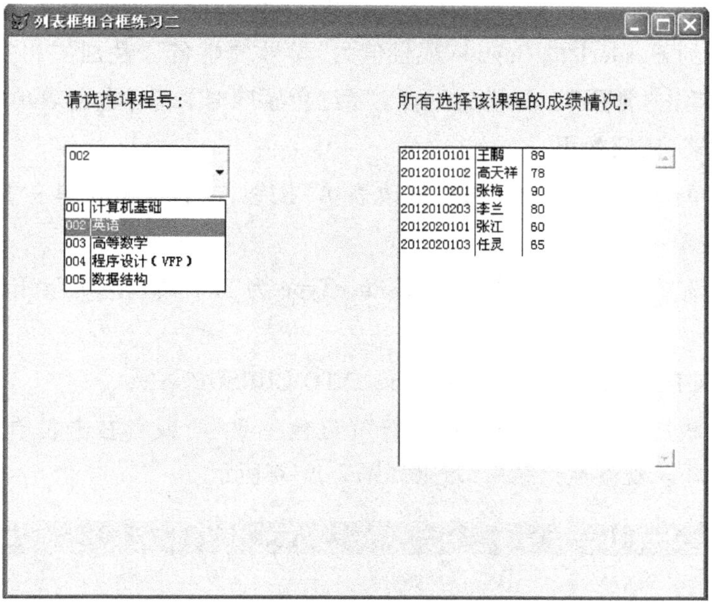

图 2-11-3　列表框组合框设计运行效果

(7) 单击“常用”工具栏的“修改表单”按钮,或者单击表单右上角关闭按钮,返回表单设计器。关闭表单设计器。

(8) 如果表单需要修改,在 xkxt 项目管理器中,单击“文档”选项卡中“表单”前面的“+”,选择 Lbkzhk2 文件,单击“修改”按钮,打开表单设计器,修改表单,保存后再运行。

4．表格的使用

(1) 在 xkxt 项目管理器中,单击“文档”选项卡中“表单”前面的“+”,选择 xsbj2 文件,单击“修改”按钮,可以打开表单设计器,修改表单。

(2) 在“属性”窗口中选择 Page2,单击“表单控件”工具栏上的“表格”控件按钮,在表单中拖动鼠标,添加一个表格 Grid1,在属性窗口中选择设置其 RecordSource 为“xs 表”。

(3) 单击“常用”工具栏的“运行”(红色感叹号)或者右击表单空白处,选“执行表单”,观察效果。

(4) 单击“常用”工具栏的“修改表单”按钮,或者单击表单右上角关闭按钮,返回表单设计器。

（5）在“属性”窗口设置表格 Grid1 的 ColumnCount 属性为 4，分别设置各 Column 下的 Header1 的 Caption 属性值为“学号”“姓名”“性别”“出生日期”。

（6）单击“常用”工具栏的“运行”（红色感叹号）或者右击表单空白处，选“执行表单”，观察效果。

（7）单击“常用”工具栏的“修改表单”按钮，或者单击表单右上角关闭按钮，返回表单设计器。

（8）设置表格 Grid1 的 RecordSourceType 为“4 – SQL 说明”，RecordSource 为：

SELECT xh，xm，xb，csrq FROM xs INTO CURSOR xx3

（9）单击“常用”工具栏的“运行”（红色感叹号）或者右击表单空白处，选“执行表单”。观察运行结果，效果如图 2-11-4 所示。

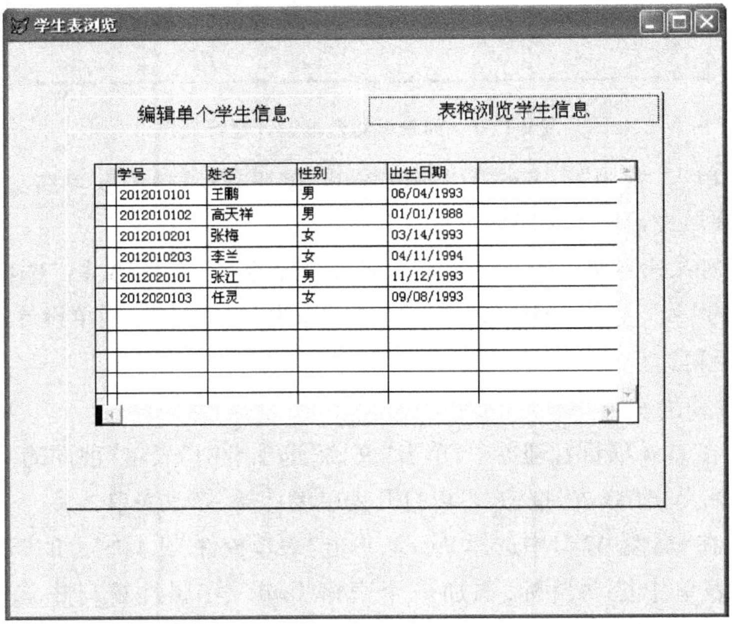

图 2-11-4 表格设计运行效果

（10）单击“常用”工具栏的“修改表单”按钮，或者单击表单右上角关闭按钮，返回表单设计器。

（11）设置表格的 DeleteMark 为. F. 。

(12) 单击“常用”工具栏的“运行”(红色感叹号)或者右击表单空白处,选“执行表单”,观察效果与图 2-11-4 有何不同。

(13) 单击“常用”工具栏的“修改表单”按钮,或者单击表单右上角“关闭”按钮,返回表单设计器。关闭表单设计器。

(14) 如果表单需要修改,在 xkxt 项目管理器中,单击“文档”选项卡中“表单”前面的“+”,选择 xsbj2 文件,单击“修改”按钮,打开表单设计器,修改表单,保存后再运行。

5. 计时器的使用

(1) 在 xkxt 项目管理器中选择“文档”选择中的“表单”,单击“新建”按钮,在出现的“新建表单”对话框中选择“新建表单”,打开表单设计器。

(2) 设置 Form1 对象的 AutoCenter 为. T. , Caption 为“计时器练习”,Height 为 500,Width 为 600。

(3) 单击“表单控件”工具栏上的“计时器”控件按钮,在表单中拖动鼠标,添加一个计时器控件 Timer1,并设置其 Interval 属性值为 1000,Enabled 属性值为. F. 。

(4) 利用“表单控件”工具栏上的“标签”控件按钮和“文本框”控件按钮向表单中添加一个标签 Label1 和 Text1,设置 Label1 的 Caption 属性值为“计时时间”,FontSize 为 12, AutoSize 为. T. ,设置 Text1 的 Value 属性值为 0。

(5) 利用“表单控件”工具栏上的“命令按钮”控件按钮,在表单中添加 Command1,Command2,Command3 三个命令按钮,设置其 Caption 属性分别为“计时开始”“计时停止”“计时清零”。

(6) 双击 Form1 对象,打开“代码”窗口,在“Command1”对象的“Click”过程中输入以下命令:

```
Thisform. timer1. Enabled = . t.
Thisform. command3. Enabled = . f.
```

(7) 在“代码”窗口中,在“Command2”对象的“Click”过程中输入以下命令:

```
Thisform. timer1. Enabled = . f.
Thisform. command3. Enabled = . t.
```

(8) 在“代码”窗口中,在“Command3”对象的“Click”过程中输入以下命令:

```
Thisform. text1. Value =0
```

（9）在“代码”窗口中，在“Timer1”对象的“Timer”过程中输入以下命令：

Thisform. text1. Value = Thisform. text1. Value + 1

（10）单击“常用”工具栏的“运行”（红色感叹号）或者右击表单空白处，选“执行表单”，保存表单文件，文件名为 jsq. scx。观察运行结果，效果如图 2-11-5 所示。

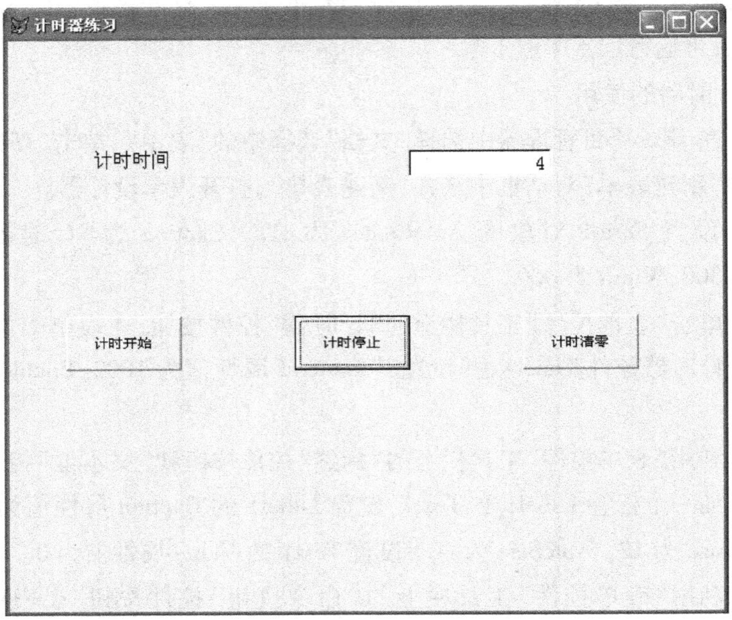

图 2-11-5　表格设计运行效果

（11）单击“常用”工具栏的“修改表单”按钮，或者单击表单右上角关闭按钮，返回表单设计器。关闭表单设计器。

（12）如果表单需要修改，在 xkxt 项目管理器中，单击“文档”选项卡中“表单”前面的“+”，选择 jsq 文件，单击“修改”按钮，打开表单设计器，修改表单，保存后再运行。

6. 创建并使用子类

（1）在 xkxt 项目管理器中选择“类”选项卡，单击“新建”按钮，出现“新建类”对话框。在“类名”后输入：tuichu，在“派生于”后面选择“CommandButton”，在“存储于”后面输入：mylk，如图 2-11-6 所示。单击“确定”按钮，打开类设计器。

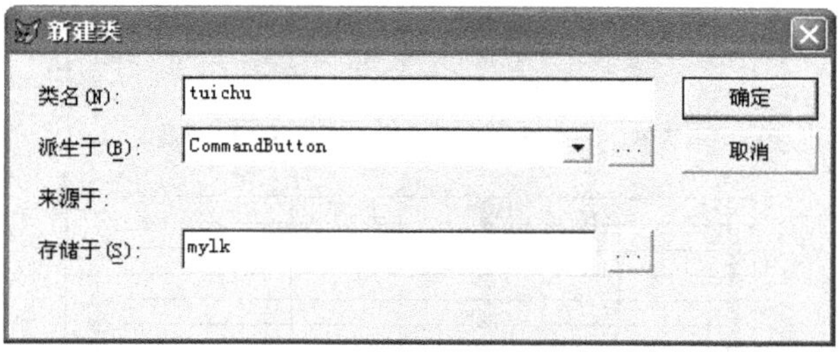

图 2-11-6　新建类对话框

(2) 在“属性”窗口,设置其 Caption 属性为“退出”。

(3) 双击 tuichu 对象,打开“代码”窗口,在“tuichu”对象的“Click”过程中输入以下命令:

```
qx = MESSAGEBOX('确定要退出吗?',4 +256 +32,'确认窗口')
IF qx =6
  Thisform. Release
ENDIF
```

(4) 关闭类设计器,保存退出子类设计。

(5) 在 xkxt 项目管理器中,单击“文档”选项卡中“表单”前面的“ + ”,选择 xsbj2 文件,单击“修改”按钮,可以打开表单设计器,修改表单。

(6) 在“属性”窗口中选择 Page2,单击“表单控件”工具栏上的“查看类”按钮,单击“添加”,打开 mylk. vcx,再单击控件工具栏上的“tuichu”按钮,在表单中拖动鼠标,添加一个退出按钮 Tuichu1,如图 2-11-7 所示。

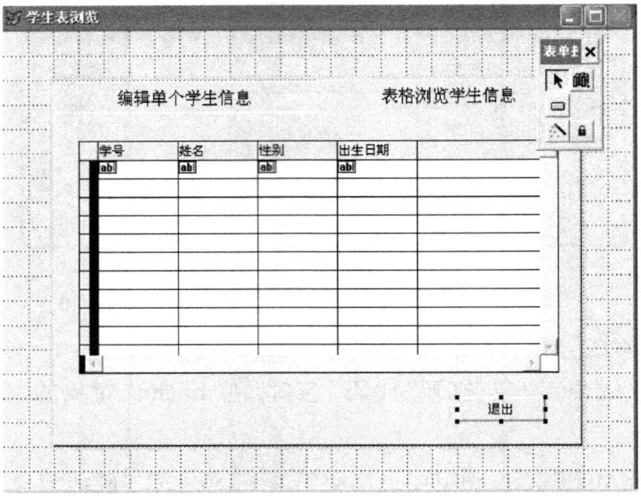

图 2-11-7　子类应用到表单

（7）单击“常用”工具栏的“运行”（红色感叹号）或者右击表单空白处，选“执行表单”，观察运行结果，单击“退出”按钮，效果如图 2-11-8 所示。

图 2-11-8　子类应用到表单运行效果

（8）单击“常用”工具栏的“修改表单”按钮，或者单击表单右上角关闭按钮,返回表单设计器。

(9) 单击“表单控件”工具栏上的“查看类”按钮,单击“常用”,恢复常用表单控件工具栏。关闭表单设计器。

(10) 如果表单需要修改,在 xkxt 项目管理器中,单击“文档”选项卡中“表单”前面的“ + ”,选择 xsbj2 文件,单击“修改”按钮,打开表单设计器,修改表单,保存后再运行。

7. 扩充思考操作题

(1) 在 xkxt 项目中创建用于输入表名能显示表结构的表单 Tableborwse.scx,添加相应的控件、设置相关属性。完善文本框控件的 Valid 事件代码,以实现:若用户输入的文件不存在,则显示“文件不存在!”;若用户名输入的文件存在,则在列表框中显示表的结构。例如,输入存在的文件 xs 和输入不存在的文件 xx 时效果分别如图 2-11-9 和图 2-11-10 所示。

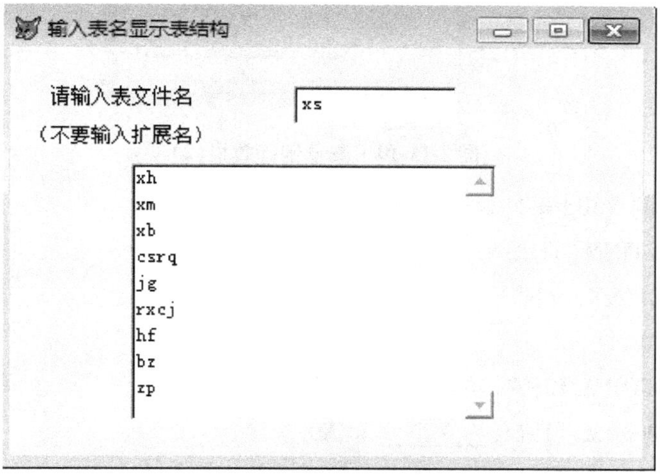

图 2-11-9　表单运行效果(1)

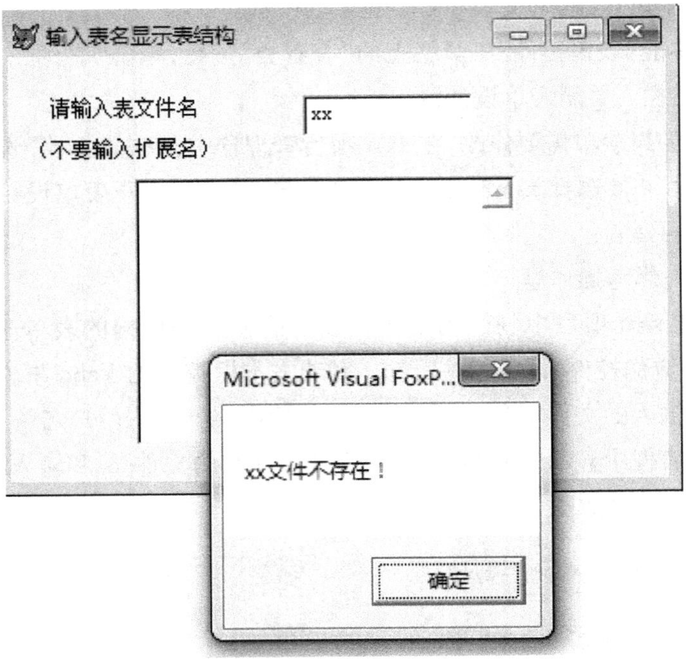

图 2-11-10　表单运行效果(2)

文本框的 Valid 事件代码如下：

```
X = ALLTRIM(THIS. ________)
IF FILE('&X. . dbf')
   USE &x
   THISFORM. LIST1. ROWSOURCETYPE = 8
   THISFORM. LIST1. ________ = '&X'
ELSE
   THISFORM. LIST1. ROWSOURCETYPE = 0
   ________(X + '文件不存在!')
ENDIF
```

(2) 下图为一个“计时器”表单，表单上有 4 个标签、4 个文本框、1 个计时器和 2 个命令按钮，图 2-11-11 中(a)，(b)，(c)，(d)分别为表单在表单设计器中设计时、运行开始时、开始计时时及计时过程中、停止计时时的界面。计时器的 Enabled 属性值为. T. ，Interval 属性值为 500。完善以下事件代码。

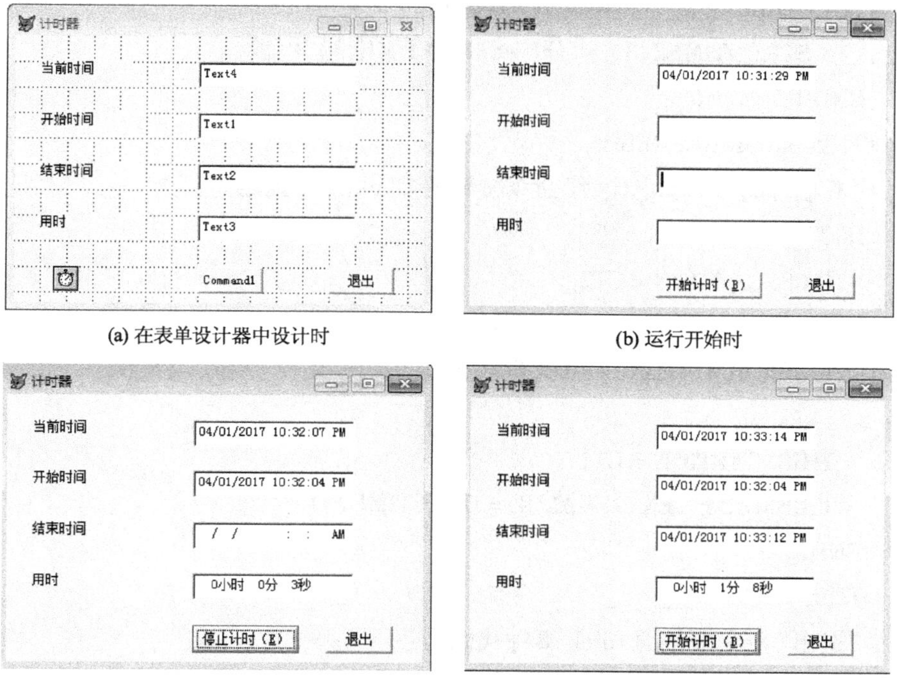

(a) 在表单设计器中设计时　(b) 运行开始时

(c) 开始计时时及计时过程中　(d) 停止计时时

图 2-11-11　表单设计、运行效果

表单的 Init 事件代码为：

```
PUBLIC ________
CT1 ='开始计时(\<B)'
CT2 ='停止计时(\<E)'
THISFORM.COMMAND1.CAPTION = CT1
```

计时器的 Timer 事件代码为：

```
THISFORM.TEXT4.VALUE = DATETIME( )
IF THISFORM.COMMAND1.CAPTION = CT2
   NTIME = THISFORM.TEXT4.VALUE - THISFORM.TEXT1.VALUE
   NTIME1 = INT(NTIME/60/60)
NTIME = NTIME - NTIME1 * 60 * 60
NTIME2 = INT(NTIME/60)
NTIME = NTIME - NTIME2 * 60
```

```
THISFORM. ________ = STR( NTIM1 ,3) + '小时' + ;
    STR( NTIME2 ,3) + '分' + STR( NTIME ,3) + '秒'
ENDIF
THISFORM. REFRESH
```

“开始计时”/“停止计时”命令按钮的 Click 事件代码为：

```
IF THIS. CAPTION = CT1
  THIS. CAPTION = CT2
  THISFORM. TEXT1. VALUE = DATETIME( )
  THISFORM. TEXT2. VALUE = {//,}
________
  THIS. CAPTION = CT1
  THISFORM. TEXT2. VALUE = DATETIME( )
ENDIF
THISFORM. ________
```

“退出”命令按钮的 Click 事件代码为：

```
THISFORM. RELEASE
```

实验十二　菜单的设计

实验目的和要求

通过本次实验，掌握一般菜单、SDI 菜单和快捷菜单的创建和使用。

实验准备工作

（1）插入 U 盘，单击“工具”下的“选项”菜单项，选择“文件位置”页面，修改“默认目录”为 U 盘的 task 文件夹。

（2）单击“工具”下的“选项”菜单项，选择“区域”页面，在“年份”前打钩（即设置 CENTURY 为 ON）。

（3）打开 xkxt 项目文件，进入 xkxt 项目管理器。

实验内容

1．一般菜单的创建

（1）在 xkxt 项目管理器中选择“其他”选项卡的“菜单”，在“新建菜单”对话框中单击“菜单”按钮，打开菜单设计器。

（2）设置菜单栏，在菜单名称下依次输入“系统管理”“浏览”“查询”，如图 2-12-1 所示。

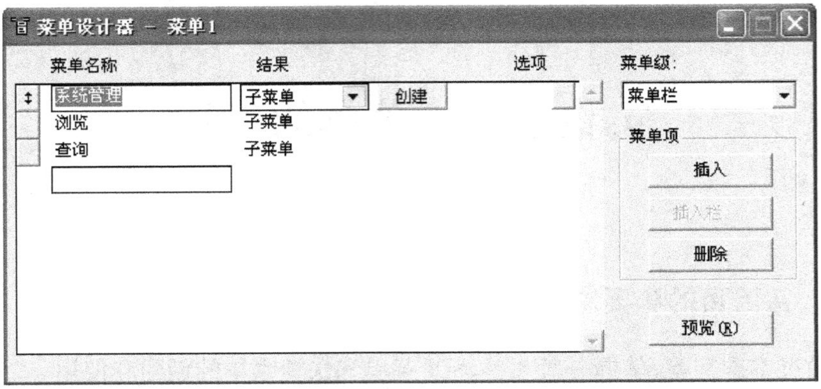

图 2-12-1　菜单设计器

（3）选择“系统管理”的菜单栏的结果为“子菜单”，单击右边的“创建”按钮，进入子菜单设计页面。单击“插入栏”按钮，分别插入“新建”“打开”“工具栏”三项系统菜单项，如图 2-12-2 所示。

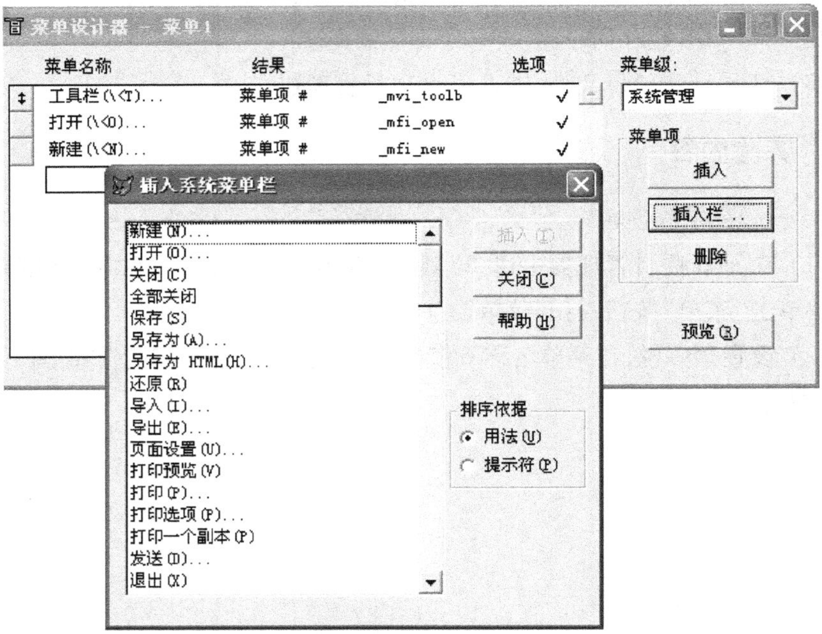

图 2-12-2　插入系统菜单项

（4）继续给“系统管理”添加子菜单项“退出系统”，结果选择“命令”，在右边的文本框中输入：

SET SYSMENU TO DEFAULT

（5）在“退出系统”菜单项上面插入一新菜单项，并输入菜单名“\-”，以插入一条分组线，设计效果如图 2-12-3 所示。

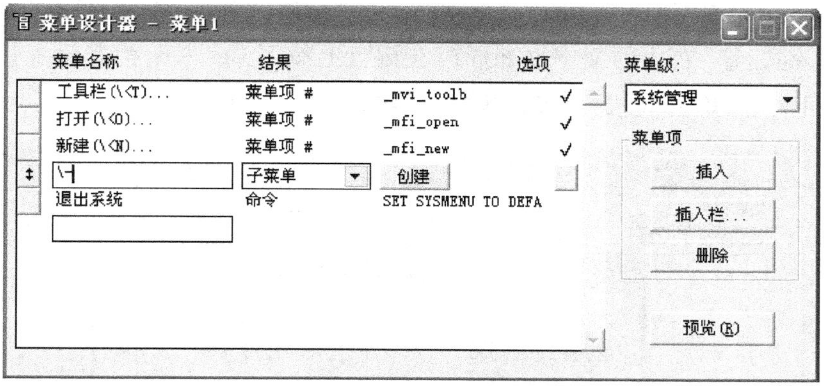

图 2-12-3　插入分组线

（6）单击“预览”，效果如图 2-12-4 所示。

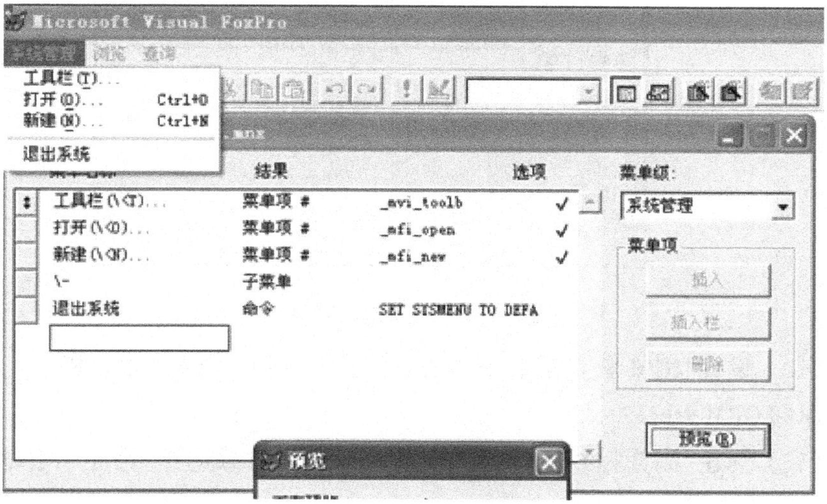

图 2-12-4　预览效果

（7）单击“确定”按钮，退出预览。

（8）单击“菜单级”下面的下拉列表框，选择“菜单栏”，回到菜单栏级别。

(9) 选择“浏览”的菜单栏的结果为“子菜单”，单击右边的“创建”，进入子菜单设计页面。创建“浏览”的子菜单项“浏览学生表”。

(10) 修改“浏览学生表”菜单项的菜单名为“浏览学生表(\<B)”，为其设置访问键“B”。

(11) 单击“浏览学生表”菜单项右边的“选项”，弹出“提示选项”对话框，单击“键标签”右边的文本框并同时在键盘上按下 Ctrl + B，为其设置快捷键 Ctrl + B，然后单击“确定”按钮。设计方法如图 2-12-5 所示。

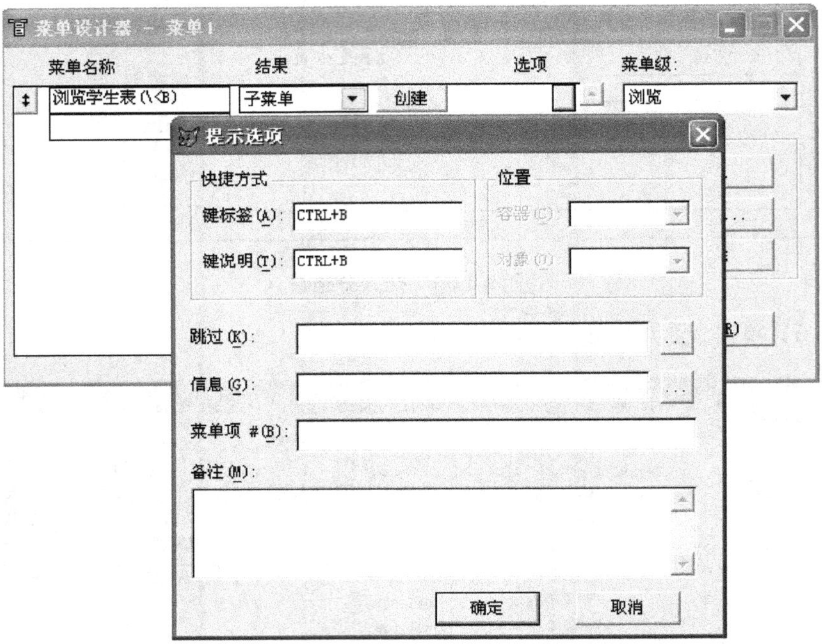

图 2-12-5　提示选项对话框

(12) 设置“浏览学生表”的结果为“命令”，在右边的文本框中输入：

DO FORM xsbj2

(13) 创建“浏览”的子菜单项“浏览课程表”，结果选择“命令”，在右边的文本框中输入：

SELECT * FROM kc

(14) 单击“菜单级”下面的下拉列表框，选择“菜单栏”，回到菜单栏级别。

(15) 选择“查询”的菜单栏的结果为“子菜单”，单击右边的“创建”，进入子菜单设计页面。创建“查询”的子菜单项“成绩查询”和“课程查询”。

（16）设置“课程查询”菜单项的结果为“命令”，在右边的文本框中输入命令：

DO kccx. qpr

（17）单击“成绩查询”菜单项右边的“选项”，打开“提示选项”对话框，单击“跳过”右边的文本框，输入：. T. ，使该菜单变灰不可用，单击“确定”按钮。

（18）单击 Visual FoxPro 系统菜单“显示”下的“常规选项”，打开“常规选项”对话框，在“位置”下面单击“追加”，使得设计的菜单在运行时添加到 Visual FoxPro 系统菜单的后面。

（19）单击 Visual FoxPro 系统菜单“菜单”下的“生成”，单击“是”，打开“另存为”对话框，输入文件名：menu1. mnx，单击“保存”，再单击“生成”，生成 menu1. mpr。关闭菜单设计器。

（20）在 xkxt 项目管理器中，单击“其他”选项卡中“菜单”前面的“＋”，选择 menu1 文件，然后单击“运行”按钮。效果如图 2-12-6 所示。

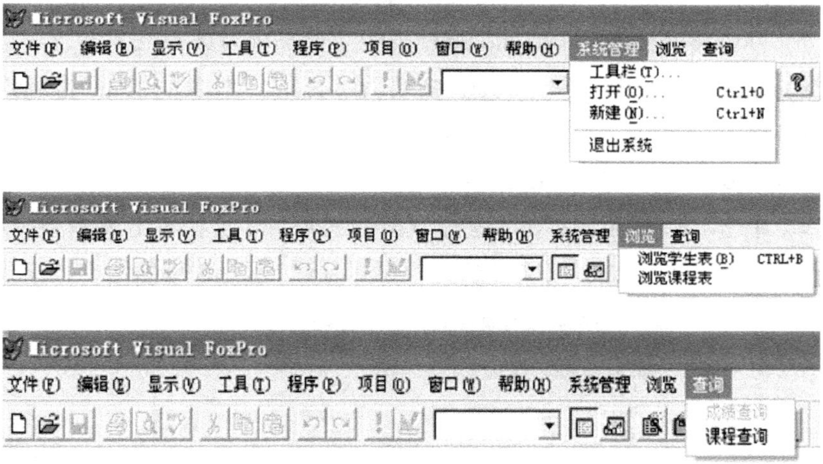

图 2-12-6　菜单运行效果

（21）单击“系统管理”下的“退出系统”，退出菜单的运行，恢复系统菜单。

（22）如果菜单需要修改，在 xkxt 项目管理器中，单击“其他”选项卡中“菜单”前面的“＋”，选择 menu1 文件，单击“修改”按钮，可以打开菜单设计器，修改完菜单后需要重新单击 Visual FoxPro 系统菜单“菜单”下的“生成”，重新生成menu1. mpr。关闭菜单设计器，运行菜单，检查修改后的情况。

2. SDI 菜单的创建和使用

（1）在 xkxt 项目管理器中，单击“其他”选项卡中“菜单”前面的“ + ”，选择 menu1 文件，然后单击“修改”按钮，可以打开菜单设计器。

（2）单击 Visual FoxPro 系统菜单“文件”下的“另存为”，在弹出的对话框中输入：menu2. mnx，单击“保存”按钮。

（3）单击 Visual FoxPro 系统菜单“显示”下的“常规选项”，打开“常规选项”对话框，单击右下角的“顶层表单”，打勾选中顶层表单。单击“确定”按钮关闭“常规选项”对话框。

（4）单击 Visual FoxPro 系统菜单“菜单”下的“生成”，单击“是”，打开“生成菜单”对话框，再单击“生成”，生成 menu2. mpr。关闭菜单设计器。

（5）在 xkxt 项目管理器中，单击“其他”选项卡中的“菜单”，单击“添加”，将 menu2. mnx 加入该项目的管理。

（6）在 xkxt 项目管理器中选择“文档”选项卡中的“表单”，单击“新建”按钮，在出现的“新建表单”对话框中选择“新建表单”，打开表单设计器。

（7）设置表单的 ShowWindow 属性为“2 – 作为顶层表单”。

（8）双击表单对象，打开“代码”窗口，在“Form1”对象的“Init”过程中输入以下命令：

```
DO menu2. mpr WITH THIS, . T.
```

（9）单击“常用”工具栏的“运行”（红色感叹号）或者右击表单空白处，选“执行表单”，保存表单文件，文件名为“sdibd. scx”，运行效果如图 2-12-7 所示。

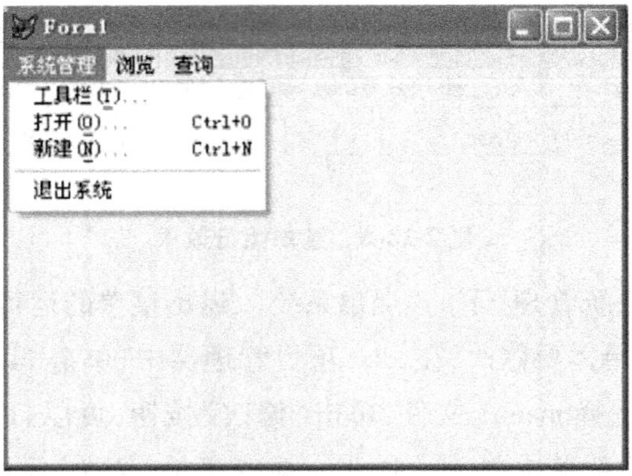

图 2-12-7　SDI 菜单加入表单运行效果

（10）单击“常用”工具栏的“修改表单”按钮，或者单击表单右上角“关闭”按钮，返回表单设计器。关闭表单设计器。

（11）如果菜单需要修改，在 xkxt 项目管理器中，单击“其他”选项卡中“菜单”前面的“+”，选择 menu2 文件，单击“修改”按钮，可以打开菜单设计器，修改完菜单后需要重新单击 Visual FoxPro 系统菜单“菜单”下的“生成”，重新生成menu2. mpr。关闭菜单设计器。

（12）如果表单需要修改，在 xkxt 项目管理器中，单击“文档”选项卡中“表单”前面的“+”，选择 sdibd 文件，单击“修改”按钮，可以打开表单设计器，修改表单，保存后再运行。

3. 快捷菜单的创建和使用

（1）在 xkxt 项目管理器中，单击“其他”选项卡中的“菜单”，单击“新建”按钮，在“新建菜单”对话框中单击“快捷菜单”按钮，打开快捷菜单设计器。

（2）单击“插入栏”按钮，分别插入“粘贴”“复制”“剪切”三项系统菜单项，如图 2-12-8 所示。

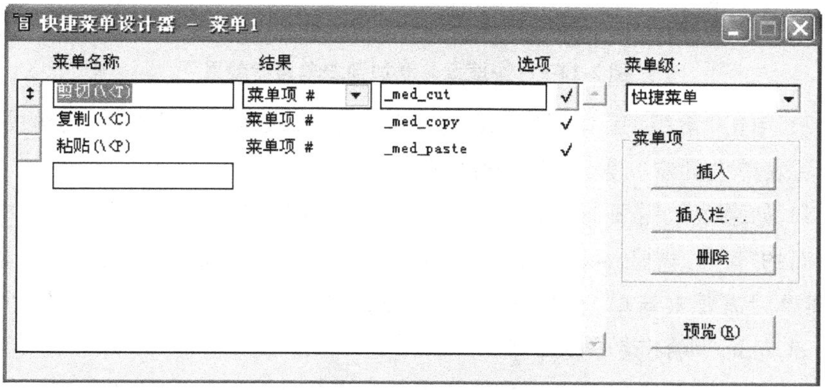

图 2-12-8　快捷菜单设计器

（3）单击 Visual FoxPro 系统菜单“菜单”下的“生成”，单击“是”，打开“另存为”对话框，输入文件名：menu3. mnx，单击“保存”，再单击“生成”，生成 menu3. mpr。关闭菜单设计器。

（4）在 xkxt 项目管理器中，单击“文档”选项卡中“表单”前面的“+”，选择 sdibd 文件，单击“修改”按钮，可以打开表单设计器，修改表单。

（5）双击表单对象，打开“代码”窗口，在“Form1”对象的“RightClick”过程中输入以下命令：

DO menu3. mpr

（6）单击“常用”工具栏的“运行”（红色感叹号）或者右击表单空白处，选“执行表单”。在表单任意位置右击鼠标，弹出快捷菜单，运行效果如图 2-12-9 所示。

图 2-12-9　快捷菜单添加到表单运行效果

（7）单击“常用”工具栏的“修改表单”按钮，或者单击表单右上角关闭按钮，返回表单设计器。关闭表单设计器。

（8）如果菜单需要修改，在 xkxt 项目管理器中，单击“其他”选项卡中“菜单”前面的“ + ”，选择 menu3 文件，单击“修改”按钮，可以打开菜单设计器，修改完菜单后需要重新单击 Visual FoxPro 系统菜单“菜单”下的“生成”，重新生成menu3. mpr。关闭菜单设计器。

（9）如果表单需要修改，在 xkxt 项目管理器中，单击“文档”选项卡中“表单”前面的“ + ”，选择 sdibd 文件，单击“修改”按钮，可以打开表单设计器，修改表单，保存后再运行。

4. 扩充思考操作题

在 xkxt 项目中创建一个菜单 Menu，按如下要求设计菜单，完成后的运行效果如图 2-12-10 所示。

① 设置“系统管理”的访问键为 S，并创建其子菜单“恢复系统菜单”。

② 为“恢复系统菜单”菜单项设置命令：

SET　SYSMENU　TO　DEFAULT。

③ 插入系统菜单栏“页面设置”,并将其访问键修改为 P。

④ 设置“教师管理”的访问键为 T,并创建其子菜单“检索”“统计”“打印”,分组线如图 2-12-10 所示。

⑤ 为“打印”菜单项设置快捷键 CTRL + P,为“统计”菜单项设置提示信息“统计教师人数”。

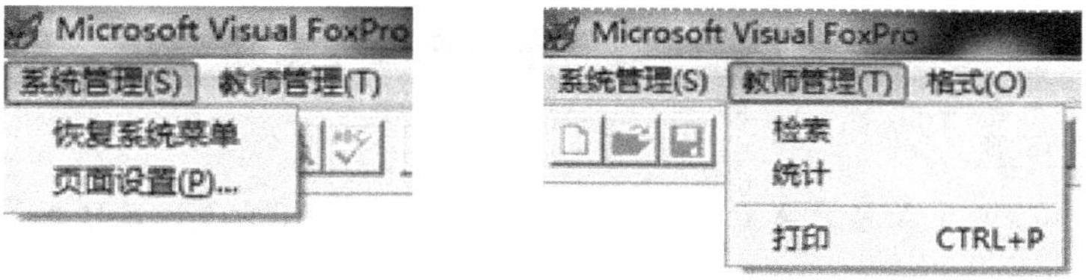

图 2-12-10　菜单运行效果

参考答案

第1章 数据库系统理论基础

1. 选择题

(1)~(5) A B B A C

(6)~(10) C B B B A

(11)~(15) A C C D A

(16)~(20) A A C B C

(21)~(25) D D A A B

(26)~(30) C C C B C

(31)~(35) C C B C C

(36)~(40) B D C B C

(41)~(45) B A D A A

2. 填空题

(1) 冗余,独立

(2) 数据库系统管理阶段

(3) 元数据

(4) 数据处理

(5) 应用程序

(6) 物理独立性

(7) 收集,存储

(8) 不重复

(9) 数据库管理系统

(10) DBMS

(11) 模式

(12) DBMS

(13) 完整性

(14) 关系(或二维表)

(15) 主关键字

(16) 候选关键字

(17) 实体完整性规则

(18) 不能

(19) 3NF

(20) 投影

(21) 实体－联系方法

(22) 属性

(23) 主关键字(或主属性)

(24) 元组,属性

(25) 矩形,菱形,椭圆形

(26) 课号

(27) 数据流

(28) 联接

(29) D

3．简答题

（1）数据管理技术经历了以下 3 个阶段：

① 手工管理阶段。这时的计算机主要用于科学计算，既没有专用的软件，也没有大容量的存储设备。数据处理的数量少、精度低、速度慢，使得应用程序与数据之间的依赖性太强，数据之间可能造成许多重复和数据冗余。

② 文件管理阶段。这时的计算机处理的数据不仅是数值，也包含文字，数据与应用程序分别组织存储，由专用程序实现程序与数据之间的统一接口。但数据的存放依赖于应用程序的使用方法，文件之间没有联系，使得数据冗余度大。

③ 数据库系统阶段。实现了有组织、动态地存储大量关联数据，方便多用户访问，使数据充分共享，同时与应用程序高度独立。

（2）数据库的主要特点有：

① 数据共享性。一个数据库可以供多种不同的用户使用，简化了程序设计，提高了程序的灵活性，方便用户操作。

② 数据的一体化和结构化。数据库使得内部数据之间彼此相关，并且文件之间在结构上也有机地联系在一起，整个数据库形成一个整体。

③ 较少冗余度。数据库的数据组织是从描述事物的整体出发，数据文件中除了作为表间联系的关键字以及为了数据安全、可靠所采取的备份副本外，存储的数据冗余度保持最小。

④ 数据有较强的独立性。数据库提供了数据的映射功能，当要改变存储结构时，逻辑结构可以不改变，从而避免了不必要的程序修改工作。

⑤ 对数据进行集中统一的控制。系统提供统一的数据定义、预处理、查询及维护等手段，并统一控制数据的安全性、完整性、保密性和并发性，使得数据有效、可靠。

（3）数据库系统的组成部分为：

① 数据库；② 数据库管理系统；③ 应用程序；④ 人员（数据库管理员、系统分析员、应用程序员和用户）。

（4）数据库体系结构的三级模式有：

① 外模式。又称为子模式或用户模式，是模式的子集，是数据的局部逻辑结构，也是数据库用户看到的数据视图。

② 模式：又称为逻辑模式或概念模式，是数据库中全体数据的全局逻辑结

构和特性的描述,也是所有用户的公共数据视图。

③ 内模式:又称为存储模式,是数据在数据库系统中的内部表示,即数据的物理结构和存储方式的描述。

(5) 常用的数据模型主要有层次、网状和关系 3 种类型:

① 层次模型。该模型采用树状结构表示实体及其联系,适合于表示实体之间 1:N 联系。

② 网状模型。该模型采用结点间的连通图表示实体及其联系,能表示实体间各种复杂联系情况。

③ 关系模型。该模型采用“二维表”表示实体及其联系,能直接表示实体之间各种复杂联系情况。

(6) 从二维表理解关系的性质:

① 关系中每个元组(记录)的每个分量必须是不可分的。

② 每一列的值只能取自同一个域。

③ 列的次序可以任意交换。

④ 行的次序可以任意交换。

⑤ 不能出现完全相同的两行。

(7) 一般对关系模式提供了 3 类完整性约束机制:

① 实体完整性约束。指关系中的“主键”不允许为“空值”。

② 参照完整性约束。对一个关系上的外键,其值只允许两种可能:一是空值;二是等于外键对应的关系的主键值。

③ 用户自定义完整性约束。针对某一应用环境的完整性约束条件,反应某一具体应用所涉及的数据应满足的要求,往往是对关系模式中的数据类型、长度、取值范围的约束。

(8) 数据库中的关键字通常分为 4 类:

① 超关键字。在一个关系中,能用来唯一识别该关系元组的单个属性或属性组。

② 候选关键字。一个超关键字去掉任一属性后不再能唯一标识该关系的元组。

③ 主关键字。可在一个关系的若干个候选关键字中选择一个候选关键字作为该关系的主关键字。

④ 外部关键字。若关系中的某属性虽非该关系的主关键字,但却是另一个关系的主关键字,则称其为该关系的外部关键字。

(9) 常见的关系型数据库管理系统有 Visual FoxPro, Access, Oracle, SQL Server, Sybase, DB2 等。

第 2 章 Visual FoxPro 语言基础

1. 选择题

(1)~(5) B A C C A　　(6)~(10) D D C A C

(11)~(15) A D D B D　　(16)~(20) C A C B D

(21)~(25) D C B C C　　(26)~(30) C B B D A

(31)~(35) C D C C D　　(36)~(40) A D C B B

(41)~(45) A B A C C　　(46)~(50) B B A B B

(51)~(55) C D D D B　　(56)~(60) C C C C D

(61)~(65) B D D A A　　(66)~(70) D C A A A

(71)~(75) C B B A D　　(76)~(80) B D C C A

2. 填空题

(1) RD、CD　　(2) 选项

(3) 254　　(4) {/:}或者{//:}

(5) OLE 对象　　(6) js. gh

(7) s. FPT　　(8) 32

(9) m->　　(10) 8,8

(11) TO a　　(12) .F.

(13) RIGHT (DTOC(csrq,1),4)　　(14) USED( )

(15) N 型(或数值型)　　(16) N 型(或数值型)

(17) c>b>a　　(18) '123456'

(19) 1000　　(20) 数值溢出

(21) 1234.568　　(22) 0 到 1

(23) 第一次　　(24) SUBSTR( )

(25) STUFF( )　　(26) OCCURS( )

(27) SET DATE TO YMD　　(28) 'GOODGIRL'

(29) 2
(30) 8
(31) SET DEFAULT TO D:\data
(32) .MEM
(33) 1200,'ing'
(34) .F.
(35) 7
(36) 高于,高于
(37) 8
(38) .
(39) '* * * *36'
(40) Microsoft Visual FoxPro
(41) PUBLIC
(42) 3,RAND( )
(43) 菜单、程序、表单、查询
(44) BUILD EXE myproject FROM project
(45) READ
(46) 自由表
(47) 排除
(48) 系统保留字
(49) CTRL + ENTER
(50) .PJX, .PJT
(51) 数据,文档,类,代码,其他

第3章 数据表及其操作

1. 选择题

(1)~(5) D C C B C
(6)~(10) C B C D C
(11)~(15) C A B C D
(16)~(20) A C A B D
(21)~(25) D C B A D
(26)~(30) C C B B B
(31)~(35) C D D B C
(36)~(40) B A D A A
(41)~(45) D A D A D
(46)~(50) D B C B B

2. 填空题

(1) 通用(或者 G)
(2) 数据库
(3) 当前
(4) TABLE,zzmm L
(5) 2,xm,csrq
(6) 11
(7) APPEND BLANK
(8) ALTER
(9) ALTER TABLE xs DROP [COLUMN] bj
(10) .T. ,1,stu
(11) SELECT 0
(12) AGAIN
(13) .F.
(14) 1 2 3
(15) .F. ,.T.

(16) DELETE ON

(17) .T. ,.T. ,1

(18) WHERE 签订日期<{^2015/01/01}

(19) 1 .F.

1 .T.

4

2

10 .F.

11 .T.

(20) .TXT

(21) SET,gl < =10

(22) YEAR(DATE( )) - YEAR(GZRQ) >40

(23) PACK,独占

(24) xm + DTOC(csrq,1)

(25) 候选关键字

(26) 共享,独占

(27) 保守式

(28) TYPE DELIMITED 或者 TYPE SDF(TYPE 可省略)

(29) GO TOP

(30) 结构复合

(31) 窗口的状态行中

(32) STR(bj) + DTOC(csrq,1) + xb

(33) SELECT - SQL

3. 简答题

(1) 范围是指对记录操作的范围,一般有 4 种选择:

① ALL:对所有记录进行操作。

② NEXT <n>:只对包括当前记录在内的以下 n 条记录进行操作。

③ RECORD <n>:只对第 n 条记录操作。

④ REST:只对从当前记录开始到文件尾的所有记录进行操作。

(2) 物理删除步骤:

第一种方法:

① 给要实现物理删除的记录打上逻辑删除标志。

Visual FoxPro 命令:USE <表名>,DELETE [范围][FOR|WHILE <条件>]

SQL 命令:DELETE FROM <表名> [WHERE <条件>]

② 真正删除带有逻辑删除标志的记录,不可以恢复。

命令:PACK

第二种方法:

直接物理删除表中所有记录不可以恢复。

命令:ZAP

(3) Visual FoxPro 有 3 种索引文件,分别是结构复合索引文件、独立复合索引文件和单项索引文件(独立索引文件)。

① 结构复合索引文件:结构复合索引文件中可以建立多个索引;索引文件名与数据表同名,扩展名为. CDX;当打开数据表时,结构复合索引文件会自动同时打开;当对数据表进行修改、增加、删除记录时,系统会自动维护结构复合索引文件中的索引;一个数据表只能建立一个结构复合索引文件。

② 独立复合索引文件:独立复合索引文件中可以建立多个索引;索引文件名与数据表不同名,扩展名为. CDX;独立复合索引文件使用时需要单独打开,打开后会随数据表得到维护;一个数据表可以建立多个独立复合索引文件。

③ 单项索引文件(单入口索引文件):单项索引文件中只能建立一个索引;索引文件名与数据表文件名无关,扩展名为. IDX;使用时也需要单独打开,一个数据表可以建立多个单项索引文件。

第 4 章　数据库设计与操作

1. 选择题

(1)~(5) B C C A D　　(6)~(10) A A C A C

(11)~(15) C B A A D　　(16)~(20) C C A D B

(21)~(25) B D B C C　　(26)~(30) B C C D B

(31)~(35) C C B B A　　(36)~(40) B D D C B

(41)~(45) A C D A C

2. 填空题

(1) 本地视图　　(2) SET DATABASE TO mydata2

(3) 前链,后链　　(4) xb ="男" OR xb ="女"

(5) ALTER,SET CHECK

(6) 删除,SUBSTR(xh, 1, 2)>="11"AND SUBSTR(xh, 1, 2)<="15"

(7) FREE TABLE　　(8) 供应商 ID,供应商 ID,2

(9) 删除规则,级联　　(10) "TABLE"

(11) xs. xh　　(12) 9

(13) SKIP　　(14) 普通

(15) 逻辑,. F.　　(16) 总编号 + 借书证号

(17) 存储过程　　(18) 插入,限制

(19) DBGETPROP("xs","TABLE","PRIMARY KEY")

(20) 父表,指向子表的表尾(或子表的结束标志)

3. 简答题

(1) 自由表与数据表的区别:

① 数据库表可以使用最多可达到128个字符的长字段名,而自由表字段名最多只能达到10个字符。

② 数据库表可以指定字段标题、显示格式、添加注释和输入掩码,可以指定规则、提示信息、默认值等,而自由表没有这些设置。

③ 数据库表可以建立主索引,而自由表不能建立主索引。

④ 数据库表可以定义长表名、记录有效性规则、触发器规则和表注释,而自由表没有这些设置。

(2) 关系有三种类型:

① 一对多关系。表A的一个记录在表B中可以有多个记录与之对应,但表B中的一个记录在表A中最多只能有一个记录与之对应。

② 一对一关系。表A的一个记录在表B中只能对应一个记录,而表B中的一个记录在表A中也只能有一个记录与之对应,即强调一一对应。

③ 多对多关系。表A的一个记录在表B中可以对应多个记录,而表B中的一个记录在表A中也可以对应多个记录。

在Visual FoxPro软件环境下,可以直接实现的是一对一关系和一对多关系。

(3) 永久性关系是数据库表之间的关系,在数据库设计器中表现为表索引之间的连线。永久性关系建立后存储在数据库文件(. DBC)中,只要不删除或变更就一直保留。永久性关系在"查询设计器"和"视图设计器"中,自动作为默认联接条件;永久性关系作为表单和报表的默认的临时关系,在"数据环境设计器"中显示;永久性关系用来存储参照完整性信息。

临时性关系可在任何表之间建立。操作时可以通过数据工作期对话框建立(数据工作期对话框的打开:窗口→数据工作期),或者采用 SET RELATION 命令建立临时性关系。临时性关系仅用于关联,即控制关联表的记录指针有序移动,即当父表记录指针移动时,子表的记录指针自动随之移动。

第 5 章　查询与视图设计

1. 选择题

(1)~(5) A D C A D　　(6)~(10) A C D C B

(11)~(15) C B A D D　　(16)~(20) B D A B D

(21)~(25) A C D C C　　(26)~(30) C D A B A

(31)~(35) D D C A B　　(36)~(40) A D C D D

(41)~(45) A A C A D　　(46)~(50) C C C B D

2. 填空题

(1) 内部联接,右联接　　(2) 表

(3) 表,查询　　(4) 表,视图

(5) 结构化查询语言

(6) 消除查询结果中重复的记录,将查询结果输出到临时表,将查询结果输出到表,在查询中对数据进行分组,对查询中的分组结果进行筛选,对查询结果进行排序

(7) FROM,SELECT,JOIN ON,WHERE,ORDER BY,GROUP BY,HAVING,DISTINCT,TOP

(8) 仓库号! ="wh1" AND 仓库号! ="wh2"

(9) YEAR(DATE( )) - YEAR(csrq),INTO TABLE ws

(10) COUNT(*),AVG(jbgz),MAX(jbgz)

(11) 0,0

(12) csrq > = {^1982 - 03 - 20} AND xb = '男'

(13) AVG(YEAR(DATE( )) - YEAR(csrq)),1 或 zc,TO FILE

(14) COUNT(*),IIF(cj. cj <60,1,0),HAVING

(15) SUM(馆藏册数 * 单价),AVG(ts. 单价)

(16) TOP 10,GROUP BY 1 或分类号,ORDER BY 4

3. 扩充思考题和简答题

(1) C　　(2) D　　(3) D　　(4) A

(5) 查询与本地视图的区别与联系

联系:① 都是检索数据的方法。查询是检查存储在表中的特定信息的一种结构化方法,视图是特殊的查询。

② 本质上都是 SELECT - SQL 命令。

③ 具有相同的数据源类型,查询设计器和视图设计器也基本相同。

区别:① 查询的 SELECT - SQL 命令存储为扩展名为 QPR 的查询文件,视图的 SELECT - SQL 命令存储在数据库文件中。

② 查询结果为只读型数据,视图可以更新源表记录数据。

③ 查询用 DO 命令运行,视图可以当作表,用 USE 命令打开。

④ 查询单独作为组合框、列表框的一种数据行源类型(RowSoruce-Type),视图作为组合框、列表框的一种数据行源时,与表一样为"别名"类型。

(6) ① 查询和视图的数据源都可以是数据库表、自由表和视图。

② 视图可以作为查询和视图的数据源,但查询不可以作为数据源。

③ 查询以命令文件形式独立存储,而视图保存在数据库文件中。

第6章　程序设计

1. 选择题

(1)~(5) B B A C B　　(6)~(10) D C A C D

(11)~(15) B A D B C　　(16)~(20) A B A B B

2. 填空题

(1) .PRG,过程名,PROCEDURE,ENDPROC

(2) CLEAR　　(3)按地址传递

(4) TO VALUE　　(5) PARAMETER

(6) 300　　(7) S1

(8) LOOP　　(9) KROW

(10) 1,3　　(11) 数据库系统

(12) 计算机等级二级 Visual FoxPro

(13) i=1 TO len(cStr1),PARAMETERS pDigit

(14) cdd

(15) LEFT(c,1),RETURN p

(16) ALLTRIM(STR(n))

(17) i*(i+1),EXIT

(18) .T.,LOOP,SKIP

(19) yes

3. 思考题

(1) LEN(Cword)

(2) s=s+i

(3) SUBS(cString1,i*2-1,2),INT(n/7)+1

(4) SUBSTR(x,2),A(j)

(5) j=1 TO i-1,i=m

(6) 2,54

(7) LEN(cStr)>0

(8) SUBSTR(c2,i,1)

(9) i=1 TO n-1 STEP 1,j=n TO i+1 STEP -1

(10) EXIT,i=n

第 7 章 面向对象程序设计基础

1. 选择题

(1)~(5) C D D C D

(6)~(10) D B C D A

(11)~(15) B D B B C

(16)~(20) B A B A C

(21)~(24) A B D D

2. 填空题

(1) OOP

(2) 对象

(3) 控件对象

(4) Destroy

(5) ThisFormSet

(6) Date( )

(7) 命令按钮 Cmd1,命令按钮组 CG,表单 form1

(8) Read Events,Clear Events

(9) 容器,类

(10) 事件

(11) Init

(12) Release ThisForm

(13) ThisForm.Refresh

(14) RemoveItem,AddItem

(15) 继承,多态,封装

(16) 基类,子类

(17) 绝对引用,相对引用

(18) 逻辑型(或者 L 型)

(19) 方法程序

3. 简答题

(1) 类是对象的抽象,对象是类的实例。类具有继承性、多态性和封装性等特点。

(2) 类分为容器类和控件类。容器类:包容其他类的基类。控件类:包含在容器类中的基类。

第 8 章　表单、控件和类设计

1. 选择题

(1)~(5)A B D D A

(6)~(10)D C C C D

(11)~(15) A B B A D

(16)~(20) B D A C B

(21)~(25) A C C A B

(26)~(30) B D C A D

(31)~(35) B D C C A

(36)~(40) D A B C C

(41)~(45) B B C A A

(46)~(50) D C B B B

(51)~(55) B A C C B

(56)~(60) B A D B B

(61)~(64) B D C C

2. 填空题

(1) .SCX

(2) .T.

(3) DoDefault( ),作用域(或者::)

(4) FormCount

(5) SetFocus,GotFocus,ThisForm.Text1.SetFocus

(6) 类库,.VCX

(7) .F.,.T.,江苏省普通高校计算机等级考试,红色

(8) PasswordChar,ReadOnly

(9) Buttoncount,Enabled

(10) 备注型(或者 M 型)

(11) "TextBox"

(12) 逻辑,数值

(13) 表格

(14) ActivePage

(15) Label1.Caption

(16) Pagecount,Pages(i)

(17) RowSourceType,ControlSource,Value

(18) 下拉列表框,下拉组合框

(19) Thisform. Init

(20) 取消(\<×)

(21) 2,Caption,ControlSource

(22) InteractiveChange,4—SQL 说明

(23) ① kc. kcdh,kcm,kss ② cjkcdh,kc,kcdh,kc. kcdh,parent

(24) Thisform. text1. value,thisform. list1. additem

(25) RowSourceType,x

(26) ① ControlBox ② Release

(27) BoundColumn

3. 扩充思考题

(1) Locate,ThisForm. Text1. SetFocus

(2) THISFORM. Text1. VALUE = "VFP"

第9章 报 表

1. 选择题

(1)~(5) A D D C C

(6)~(10) A D D B D

(11)~(15) B C B B A

(16)~(20) B B B C C

(21)~(23) C B D

2. 填空题

(1) 页标头

(2) 3

(3) 细节

(4) 标签

(5) MODIFY REPORT

(6) 总结

(7) REPORT FORM

(8) _PAGENO

(9) 一对多

第10章 菜单设计

1. 选择题

(1)~(5) B C D B C

(6)~(10) A C D D B

(11)~(15) D D C D D

(16)~(19) A C B B

2. 填空题

(1) \-

(2) 普通菜单,快捷菜单

(3) 打印(\<P)

(4) 子菜单

(5) 跳过,.T.,.F.

(6) SET SYSMENU TO DEFAULT

(7) 菜单

(8) SHOWWINDOW;INIT;DO 菜单文件名.MPR WITH THIS,.T.

(9) READ

(10) 自由表

(11) 排除

(12) 4

(13) 追加

(14) 菜单栏

3. 简答题

(1) 快捷菜单设计的一般步骤:

① 打开"快捷菜单设计器"窗口;

② 添加菜单项;

③ 为每个菜单项指定任务;

④ 保存菜单,并生成.MPR 菜单文件;

⑤ 将快捷菜单指派给某个对象,在该对象的"RightClick"事件中输入:

DO 快捷菜单文件名.MPR

(2) SDI 菜单设计的一般步骤:

① 进入菜单设计器;

② 在"常规选项"对话框中选择"顶层表单"复选框;

③ 创建菜单项;

④ 生成并保存菜单;

⑤ 将表单的 ShowWindow 属性设置为"2 - 作为顶层表单";

⑥ 在表单的 Init 事件中写入:

DO 菜单文件名.MPR WITH THIS, .T.

⑦ 运行表单。

参考文献

[1] 刘秋生. 数据库系统程序设计 Visual FoxPro. 镇江:江苏大学出版社,2011。

[2] NCRE 研究组. 全国计算机等级考试考点解析、例题精解与实战练习(二级 Visual FoxPro 数据库程序设计). 北京:高等教育出版社,2008。

[3] 考试命题研究组,新思路教育科技研究中心. 全国计算机等级考试标准预测试卷(二级 Visual FoxPro). 北京:化学工业出版社,2008。

[4] 考试命题研究组,新思路教育科技研究中心. 全国计算机等级考试历年试卷汇编及详解(二级 Visual FoxPro). 北京:化学工业出版社,2008。